奶牛

全混合日粮加工与饲喂技术

蒋林树　陈俊杰　张　良　主编

U0238571

中国农业出版社

北京市属高等学校高层次人才引进与培养计划项目

现代农业产业技术体系北京市奶牛创新团队

国家"十二五"科技支撑计划

奶牛营养学北京市重点实验室

中国农业科学院北京畜牧兽医研究所

编写人员名单

主　　编　蒋林树　陈俊杰　张　良

副 主 编　熊本海　熊东艳

编写人员（按姓名笔画排序）

王秀芹　朱建生　刘　磊　孙春清

苏明富　李振河　张　良　张连英

陈俊杰　周　敏　秦承林　贾春宝

蒋林树　韩　洁　熊本海　熊东艳

前言

近几年，尽管我国奶业取得了长足的进步，但如果从横向比较来看，我国奶业尚处于发展阶段。奶牛单产低，主要原因是在饲料方面，我国奶牛养殖与奶牛发达国家相比有很大的不同。从奶牛精料组成分析来看，世界各国之间没有太大的区别；但在粗饲料方面，却差别很大。例如，新西兰是世界乳品出口大国，而其奶牛的营养几乎完全来自饲草（牧草、干草和青贮）。在欧美国家的奶牛饲料中，精料占有较高比例，但饲草仍然是奶牛的最重要营养来源。以苜蓿干草作为蛋白质来源、以一定量精料和玉米青贮饲料作为能量来源，这已经成为美国等发达国家奶牛饲料的基本结构。我国只有少数规模化奶牛场才有条件饲喂苜蓿干草、羊草，大多数奶牛的常规饲料主要为玉米秸秆等粗饲料与玉米、麸皮、饼粕三大精料的简单混合。这些饲料中能量有余，蛋白质饲料单一，矿物质、微量元素和维生素不足，造成饲料转化效率低、营养代谢病发生概率较高、利用年限短和淘汰率高等，严重影响奶牛生产潜力的发挥。

因此，要提高我国奶牛的生产性能，推动奶牛业健康持续发展和提高我国奶业在国际上的竞争力，必须改变我国奶牛的饲养方式，实行全混合日粮饲养以提高奶牛的饲料转化效率。

全混合日粮饲养技术是一种非常古老的饲养模式，就是一种将粗料、精料、矿物质、维生素和其他添加剂充分混合，能够提供足够的营养以满足奶牛需要的饲养技术。该技术在配套技术措施的基础上，能够保证奶牛每采食一口日粮都是精粗比例稳定、营养浓度一致的全价日粮，已越来越引起牧场管理者的重视，并被看作是现代化、标准化、智能化牧场的标志性技术组成部分。目前，奶牛养殖发达国家（如美国、加拿大、以色列、荷兰和意大利等国）普遍采用全混合日粮饲养技术。

本书从全混合日粮的概念、设施设备、加工技术和配制要求等多个方面进行了系统论述，希望广大奶牛养殖从业人员能从中得到帮助和启迪。因编者知识水平有限，书中难免存在一些缺点和错误，敬请读者批评指正。

编　者

2015 年 12 月

目 录

绪　　论

　　奶牛业是畜牧业的重要组成部分，奶牛业的发展是改善人们的食物结构、提高生活质量、增强人民体质的重要措施。奶牛业是现代国家农业的核心行业，大部分发达国家乳业产值一般都占畜牧业总值的 1/3 以上；我国奶牛业起步较晚，发展迅速，从新中国成立后开始发展，到 20 世纪 80 年代后的大发展使我国奶牛业的乳品工业成为一个高效的独立产业。

　　我国奶牛业的养殖模式原本是散养、家庭牧场和适度规模化牧场长期共存。由于受到"三聚氰胺事件"影响，乳品企业对一些散养户的牛奶质量不好掌控，于是普遍抬高了牛奶的收购门槛，逼迫取缔散养，逐步向规模化养殖转变。目前，奶牛散养正在一些省份逐渐消失。而奶牛自身的生理和生物学特性以及较高的投资决定了奶牛业是低风险的产业。由于奶牛的世代间隔长、繁殖率低、单胎以及投资大的特点，经济能力不强的家庭不敢发展奶牛。所以，根据奶牛自然增长率低、投资大的特点，近年来我国奶牛养殖业一直呈现稳步发展的势头。目前，我国的奶牛业正处于一个发展的重要时期——转型期，由以前的散养逐步向着集约化、规模化迈进。而要达到集约化、规模化的养殖标准，需要一个适合我国国情又能符合市场发展态势的养殖模式。

　　虽然我国奶业保持了良好的发展态势，但是困扰行业进一步发展的问题也日益凸显出来。一是奶牛单产水平低，奶牛养殖"小、散、低"的局面没有得到根本扭转，奶牛饲养规模小，分散在千家万户，生产水平低。二是原料奶质量参差不齐，原料奶中细菌数超标、乳脂肪和乳蛋白等指标达不到标准要求的现象时有发生。三是奶牛业效益不稳定，奶牛养殖的亏损面扩大。四是产业化程度低，奶农的组织化程度低，与乳品加工企业利益联结机制不健全，没有形成利益共同体，奶农养殖效益得不到保障，制约了奶牛饲养规模的提高。五是忽视优良品种和先进技术在提高经济效益中的重要作用。除了自然死亡外，没有淘汰低产牛，有悖于科学生产理论。奶牛屡配不孕，产奶量越来越低；饲养只重视精饲料，不重视青粗饲料，许多地方采用精料加稻草的模式，既浪费精料，又影响牛奶品质（乳蛋白质偏低）；在疾病控制方面，一些地方的结核病和布鲁氏菌病都没有控制，要么不检疫，要么检疫后不淘汰。

针对目前奶业发展现状，奶牛养殖发展的思路应坚持以市场为导向、以效益为中心，增加科技含量，提高产品质量，普及推广良种高产奶牛和科学饲养管理技术。重点是利用现代科学技术和最新研究成果，用科技武装起规模化奶牛场，指导现代化、规模化的奶牛生产，必定能够提高整个牛群的养殖水平、健康水平和经济效益。

随着中国奶制品进口关税降低，市场竞争的进一步加剧，节本增效是未来 5 年内中国奶牛养殖业面临的最大挑战，也是提高竞争力的核心内容。饲料占奶牛养殖成本的 70% 以上，因此，提高饲料利用效率、开发新型饲料添加剂、加快奶牛饲料配套技术研究、强化奶牛饲料内抗生素与激素监测技术和推广先进适用饲养技术具有重要的现实意义。

我国奶牛业一直都沿用精粗分饲的传统模式，在相同投入的情况下，饲养效益是发达国家使用全混合日粮饲养技术的 2/3，主要原因是饲养技术的差异。我国的奶牛业正逐步改变过去的小模式、散户饲养模式转向规模化、集约化养殖小区模式发展，并发展成为优势产业。现在，全混合日粮技术已经在我国一些大型的规模化牛场使用，逐步实现养殖小区全混合日粮饲养技术模式，使我国奶牛业走上科学、健康、可持续发展的轨道。

第一章
概　　述

奶牛养殖的方式逐渐向规模化、集约化方向转化，大多数城郊农村奶牛养殖向着规模化方向发展。但是，规模化养殖也带来一些问题。一是饲喂奶牛的劳动强度大。二是不同阶段奶牛要求不同营养水平的日粮，传统的日粮配制工艺难以达到奶牛营养浓度的理论要求。尤其是微量元素和维生素，很难达到均匀一致，人工添加精饲料的喂法更加剧了这种误差。采食微量元素或维生素多的奶牛，可能引起中毒；采食少的可能引起缺乏症，严重的甚至引起不孕不育等疾病。三是奶牛疾病发生率高。人工集中饲喂精料，容易造成个别奶牛采食过量，导致瘤胃酸中毒、真胃移位等消化道疾病及代谢疾病；而精料采食不足的奶牛则影响正常生产性能的发挥。四是由于饲料传统加工工艺的缺陷，容易造成奶牛挑食。一方面，奶牛所食饲料不能满足生产需要；另一方面，造成部分饲料浪费。而奶牛全混合日粮饲养技术的出现，使以上问题迎刃而解。

第一节　奶牛全混合日粮的概念

全混合日粮（Total Mixed Ration，简称TMR）饲养技术是以散放牛舍饲养方式为基础研究开发的新技术，是现代奶牛饲养的一项革命性突破。它在奶牛养殖业发达的美国、加拿大等国家已得到普遍应用，国内的现代化和规模化奶牛养殖场也已陆续开始使用这项技术，并取得了很好的效益。所谓 TMR，就是根据牛群营养需要的粗蛋白、能量、粗纤维、矿物质和维生素等，把揉切短的粗料、精料和各种预混料添加剂进行充分混合，将水分调整为 45％ 左右而得的营养比较均衡的日粮。TMR 类似于猪或家禽的全价饲料，由发料车发送，散放牛群可以自由采食，保证奶牛每采食一口日粮都是精粗比例稳定、营养浓度一致和营养相对平衡的全价日粮。

第二节　TMR 的特点

第一，奶牛生产性能不同、生理时期不同，对精、粗料的嗜好极不相同。精、粗料分开饲喂奶牛时，不能保证每头奶牛如人们所期望的那样均衡地摄取精料，因而导致瘤胃功能异常。由于 TMR 各组分比例适当，且均匀地混合在一起，奶牛每次摄入的 TMR 干物质中，含有营养均衡且精、粗料比适宜的养分，瘤胃内可利用碳水化合物与蛋白质的分解利用更趋于同步；同时，又可防止奶牛在短时间内因过量采食精料而引起瘤胃内 pH 的突然下降；能维持瘤胃微生物的数量、活力及瘤胃内环境的相对稳定，使发酵、消化、吸收和代谢正常进行，因而有利于饲料利用率及乳脂率的改善；减少消化疾病如真胃移位、酮血症、乳热、酸中毒、食欲不良及营养应激等发生的可能性。

第二，传统的饲喂方式是精、粗料分开饲喂。由于各种饲料的适口性不同，常导致总的干物质摄取量不足，使生产性能受到影响，繁殖出现障碍。通过应用 TMR 饲养技术，可扩大利用原来单独饲喂适口性差的饼渣类饲料资源。由于该技术可使奶牛少量多次地采食，有效降低和防止动物的氨中毒，从而对缓解蛋白资源供需不平衡、降低饲粮成本有一定的潜在意义。另外，在应用 TMR 饲养技术时，可按牛各生长发育阶段营养需要的不同，在不降低其生产力的前提下，将当地农户产品（如秸秆）及工业副产品（如酒糟）等进行适当处理，有效地加以利用，从而配制相应的最低成本日粮。

第三，研究表明，如果奶牛食入的精料水平过高（占日粮的60%以上），则食入的能量更多地被转化成体组织，但不增加产乳量，并且奶中乳脂等的含量也较低；如果奶牛食入的粗料水平过高，则能量采食不足。使用 TMR 饲养技术，由于综合考虑了不同奶牛的纤维素和蛋白质、能量等因素，整个日粮是平衡的，有利于发挥奶牛的生产性能。

第四，高产奶牛必须保证精料的足量采食，有时为使其保持高产，每天每头奶牛必须喂给 15 千克左右的精料。如果按传统的饲喂方式，精、粗饲料分开，由于奶牛短时间内摄入大量的精料，打乱了瘤胃内营养物质消化代谢的动态平衡，引起消化系统紊乱，严重的可导致酸中毒，从而影响生产性能的发挥。TMR技术除简单易行外，还可以保证牛稳定的饲料结构，同时又可顺其自然地安排最优的饲料与牧草组合，从而提高草地的利用率。

第五，就奶牛而言，TMR 饲养技术的使用有利于发挥其产乳性能，提高其繁殖率，同时又是保证后备母牛适时开产的最佳饲养体制。利用 TMR 饲养技术，可免去在挤奶间饲喂精料、缩短挤奶时间、节省饲槽面积，相应减少了饲喂设备费用，同时也使挤奶间的灰尘减少。另外，在不降低高产奶牛生产性能（产奶量及乳脂率）的前提下，TMR 中纤维水平可较精、粗料分饲法中纤维水平适当降低。这就允许泌乳高峰期的奶牛在不降低其乳脂率的前提下采食更高能量浓度的日粮，以减少体重下降的幅度，因而最大限度地维持奶牛的体况，同时也有利于下一期受胎率的提高。

第六，TMR 饲养技术有助于控制生产。它可根据牛奶内所含物质的变化，在一定范围内对 TMR 进行调节，以获得最佳的经济效益。

第七，精、粗料分开饲喂奶牛难以提高干物质摄取量，不好保证采食的精、粗料比适宜和稳定，不适宜大规模、集约化经营的发展；同时，打乱了瘤胃内消化代谢的动态平衡（挥发性脂肪酸生成、菌体蛋白合成、微生物区系）。使用 TMR 饲养技术可进行大规模工厂化生产，使饲喂管理省工、省时，提高规模饲养效益及劳动生产率。另外，也减少了饲喂过程中的饲草浪费。

第三节 TMR 的优点

一、提高牛场工作效率

随着奶牛场养殖规模不断扩大，传统人工喂料方式暴露出劳动强度大、效率低等各种弊端。与传统喂料方式相比，TMR 技术可以实现奶牛的机械化饲养，能简化劳动程序、降低劳动强度、提高劳动生产效率和降低生产成本。TMR 技术以一台 TMR 机为核心，根据牛群营养需要进行计算机配方，自动计量和进料，自动混合和饲喂，是高度机械化、自动化的必然产物。同时，制作好的 TMR 采用发料车自动发料，降低了饲养人员的工作强度，减少了工作量。王秀芝（2010）对 800 头奶牛实施 TMR 技术，结果表明，可以节约劳动力 40 人；降低饲料成本 4%～5%；减少疾病投入，年节约医疗费用 5 万元；提高了奶牛的产奶量和奶品质，年增加产奶量 30 万千克以上，乳脂率和乳蛋白分别达到 4.2% 和 3.3%。

二、增加牛群采食量，提高生产性能

TMR 制作过程要求把饲料原料充分切短，切短的粗饲料在与精料均匀混合的过程中使物料在物理空间上产生互补作用，从而提高干物质的采食量，减少饲料浪费，同时还能减少偶然发生的微量元素供应不足或中毒现象。一般认为，干物质采食量的增加能提高产奶量。周吉清（2008）用 TMR 饲喂奶牛，结果表明泌乳牛应用 TMR 饲喂技术后，奶牛产奶量较对照组提高了 30.5%，乳脂率、乳蛋白率和乳干物质率分别提高了 0.05%、0.02% 和 0.01%。杨德良（2013）调查研究黑龙江省 TMR 饲喂技术使用效果，经调研，饲喂 TMR 后奶牛平均产奶量增产 10%～15%，饲料利用率提高 4 个百分点。谢红等（2012）研究结果显示，TMR 组产奶量较对照组增加 0.6 千克/天；TMR 组乳脂率显著提高 0.16%；TMR 对乳蛋白率没有显著影响，但却有降低尿素氮的趋势，说明 TMR 有提高蛋白利用效率的趋势。李明华（2007）选取年龄、胎次、体重、泌乳量和产犊日期相近的经产泌乳牛，试验组以 TMR 方法饲喂，对照组以传统精粗分饲方法饲喂，比较 TMR 与粗精分饲方法对奶牛产奶量和乳成分的影响。结果表明，同一牛群由传统的精粗分饲饲养到 TMR 饲养，奶牛整个泌乳期的产奶量提高 7.09%；从整个泌乳期的乳成分影响看，TMR 组乳脂率、乳蛋白率、乳糖率和干物质率较传统的精粗分饲分别提高 5.60%、7.49%、1.54% 和 4.24%。

三、提高适口性，保证营养均衡

制作 TMR 时，各种物料经过搅拌机充分混合后，呈匀质状态，改善了饲料的适口性。一致的口感使奶牛对饲料无选择性，避免了挑食现象。TMR 技术的运用使原料的选择更加灵活，可以充分利用廉价饲料资源如玉米秸、尿素和菜籽粕等，把这些原料同青贮料、糟渣饲料充分混合后，可以掩盖不良气味，提高适口性。据安完全等试验研究，他们采用草粉、菜粕和精料充分混合的 TMR 饲喂和采用草粉—菜粕—精料顺序分饲相比，试验组每头奶牛的采食量比对照组平均增加 2.7 千克，粗蛋白增加 220克，产奶净能增加 22.7 兆焦，日产奶量增加 2.3 千克，乳脂率提高 0.02 个百分点。

四、维持瘤胃内环境稳定，保持牛群健康

TMR 饲喂能够保持奶牛的均衡营养摄入，减少瘤胃 pH 波动，为瘤胃微生物提供良好的生长环境，有利于瘤胃微生物的生长、繁殖，从而减轻消化代谢疾病。采食 TMR 的反刍动物与同等情况下精粗分饲的动物相比，其瘤胃液 pH 稍高，因而更有利于纤维素的消化分解。由于 TMR 各组分比例适当，含有营养均衡、精粗比适宜的养分，加上奶牛大量的碱性唾液，能有效使瘤胃 pH 控制在 6.4～6.8，维持瘤胃内环境的相对稳定，增强瘤胃机能，避免由动物挑食而引起的饲料浪费和瘤胃功能紊乱，瘤胃内可利用碳水化合物与蛋白质分解利用更趋于同步。同时，又可防止反刍动物在短时间内因过量采食精料而引起瘤胃 pH 突然下降。盛东峰（2012）研究了 TMR 饲养条件下奶牛瘤胃发酵参数的变化，试验结果表明，在 TMR 饲养条件下，试验奶牛瘤胃液 pH 变化范围为 5.86～6.51，乙酸浓度、丙酸浓度和丁酸浓度变动范围分别为 69.62～85.71 毫摩尔/升、19.33～25.91 毫摩尔/升和 10.44～14.02 毫摩尔/升，且 3 种酸（乙酸、丙酸和丁酸）出现最高浓度和最低浓度的时间点均为 20：00 和 8：00；乙酸/丙酸值的变动范围为 3.31～3.61，且在 20：00 比值最小，

在 8：00 比值最大。综合分析显示，TMR 饲喂技术有利于奶牛瘤胃丙酸型发酵，提高生产效益。郭丽君（2006）对使用 TMR 饲喂前后奶牛健康变化进行调查，结果发现，使用 TMR 前，成年母牛瘤胃酸中毒平均发病率为 0.25％，乳热症发病率为 0.63％；使用 TMR 饲养后，瘤胃酸中毒发病率降为 0.02％，乳热症发病率为 0.1％；使用 TMR 饲喂前后成年母牛的前胃弛缓的发病率分别为 1.68％ 和 0.43％，真胃移位发病率分别为 0.21％和 0.02％；TMR 饲养方式能够降低瘤胃鼓气、胎衣滞留和子宫炎等疾病发病率，但是差异不显著。这说明了使用 TMR 能够使成年母牛的瘤胃酸中毒、乳热症等营养代谢疾病的发病率明显降低，使前胃弛缓、真胃移位等消化系统疾病的发病率也显著降低。

五、降低养殖成本，提高经济效益

通过 TMR 技术能把部分适口性差的非常规饲料原料和非蛋白氮用于奶牛日粮中。史清河（1999）曾经把含氮量较高的尿素精料应用于全混合日粮中替代部分豆饼，既可从一定程度上缓解蛋白资源的供需不平衡，又可明显降低饲料成本，具有明显的经济效益。同时，人工费的节省和生产性能的提高又可以带来巨大的经济利润。赖利兄（2013）在对一个饲养 300 头奶牛的牧场做经济效益分析时指出，运用 TMR 技术一年可带来 42.17 万元的经济效益。

第四节　TMR 的局限性

任何事物都有两面性，奶牛 TMR 也存在一定的局限性。
采用 TMR 不能根据奶牛的个体差异单独饲喂，同一群牛使用的是同一种日粮；而传统饲喂，具体的奶牛可以具体对待，高产牛可以额外增加精料量、过饲的牛可以减少精料量、增加干草喂量。TMR 忽略了奶牛个体间的差异。分群饲养可解决这个问题，但是事实上许多牛场都未分群。这就会导致牛群出现膘情不一，有些牛太胖、有些牛太瘦，主要是由于高产牛精料供给不足，而低产牛却精料摄入过量，这种情况在只有一种泌乳日粮的牛场表现尤为突出。这不仅影响产奶量，还会影响经济效益。特别是每天只挤奶 1～2 次的低产牛，精料过量是一个很大的浪费。

在只有 2～3 种泌乳日粮的牛场，当奶牛从高营养浓度日粮群转入低营养浓度日粮群时，有时会出现掉奶现象，转群和饲料变化都是原因。可以成批牛转群或是晚上转群，以减小转群应激。营养上要通过减小日粮间的营养差距（牛群间产奶差距 9 千克内）和采取提高低产日粮蛋白浓度（日粮的蛋白浓度略高于需求量）来解决。

第五节　提高 TMR 饲喂效果的方法

一、制作要点

(一) 奶牛合理分群

要根据奶牛的营养需要而分组，相似状况的奶牛分在同一组能最大限度地发挥 TMR 饲喂的作用。在同一小组中，需求量低的那部分奶牛将会营养过剩，而需求量高的那部分奶牛营养摄入量可能不足。同一小组中的奶牛同质性越好，则组内奶牛营养需求量差异就越小，为该组奶牛配制的日粮就越能满足大多数奶牛的营养需求。

对于大型奶牛场，泌乳牛群根据泌乳阶段分为早期牛群、中期牛群、后期牛群，干奶早期牛群、后期牛群。对处在泌乳早期的奶牛，不管产量高低，都应该以提高干物质采食量为主。对于泌乳中期的奶牛，产奶量相对较高或很瘦的奶牛应该归入泌乳早期牛。对于小型奶牛场，可以根据产奶量分为高产牛群、低产牛群和干奶牛群。一般泌乳早期和产量高的牛分为高产牛群，中后期牛分为低产牛群。在制作 TMR 时，要对牛群做到精细化管理，根据不同阶段奶牛对营养的不同需求来制作不同饲料配方，以此提高奶牛采食量和饲料利用效率，最大限度地满足大部分牛群的营养需求，降低养殖成本。

（二）预测干物质采食量（DMI）

可以根据公式（1-1）和公式（1-2）推算出理论值，结合生产实际，依奶牛不同年龄、胎次、产奶量、泌乳期、乳脂率、乳蛋白率和体重推算出预测采食量。如果实际采食量与预测相差在 5% 以上，应寻找原因，是采食率问题还是称重或是其他原因，并加以校正。

初产牛 DMI $= -2.12 + 0.882 \times$ 泌乳周 $- 0.031 \times$ 泌乳周 $2 + 0.0003 \times$ 泌乳周 $3 + 0.016 \times$ 体重（千克）$+ 0.351 \times 4\%$ 脂肪校正奶（千克/天）$- 1.51 \times$ 乳脂肪率 $+ 0.752 \times$ 乳蛋白率 ………… （1-1）

经产牛 DMI $= 0.959 + 1.051 \times$ 泌乳周 $- 0.042 \times$ 泌乳周 $2 + 0.0005 \times$ 泌乳周 $3 + 0.012 \times$ 体重（千克）$+ 0.354 \times 4\%$ 脂肪校正奶（千克/天）$- 1.966 \times$ 乳脂肪率 $+ 0.941 \times$ 乳蛋白率 ………… （1-2）

二、TMR 饲喂效果影响因素

（一）原料添加顺序及混合时间

一般是按照先粗后精、先干后湿、先长后短和先轻后重的原则添加饲料原料，可以按干草、青贮、糟渣类和精料顺序加入。搅拌时间的长短会影响混合均匀度及有效纤维含量，搅拌时间过长则 TMR 太细，导致有效纤维不足；时间太短，原料混合不均。所以，要边加料边混合，原则上确保 TMR 中 20%粗饲料长度大于 3.5 厘米。一般情况下，加入最后一种饲料后搅拌 5～8 分钟即可。刘江涛（2009）通过研究发现，优化的单轴卧式 TMR 混合机参数的合理组合是剪切刀数量为 12 个，转子转速为 60～70 转/分钟，混合时间为 6～9 分钟，TMR 含水率为 35%。

（二）水分含量

适宜 TMR 含水量指最终配合好的日粮中适宜的水分含量，TMR 中水分的来源包括饲料原料自身的含水量及制作配合日粮过程中额外添加的水分。饲料原料水分对制作配合日粮至关重要，大部分 TMR 配方都以干物质基础制作，水分估计偏差将直接影响 TMR 的营养浓度。若饲料原料水分估计偏高，会导致原料在 TMR 配方中偏高；水分含量估计偏低，会导致原料在 TMR 配方中用量不足。因此，在制作 TMR 前要准确测定水分含量。新鲜的 TMR 最适水分含量为 45%～55%，冬季靠近下限，夏季靠近上线。水分在 TMR 中起到连接作用，水的参与使所有精粗饲料有效地结合在一块。水分含量过高，会影响反刍动物干物质采食量。例如，同样是 10 千克日粮，含水量分别为 50%和 60%，则干物质就相差 1 千克；水分含量太低，日粮较干，易导致牛群挑食。张金吉（2008）测定 12%、35%和 50%水分含量对瘤胃内环境的影响。最终结果表明含水量 50%的 TMR 饲料对瘤胃发酵及饲料的表观消化率方面有良好的表现。测定 TMR 含水量最简单的方法就是从 TMR 搅拌车里抓起一把料，用力捏成团。如果能捏出水，而且饲料成团状，不能复原，说明水分含量大；如果不能捏出水，手松开后，饲料复原，手上有一定的潮湿感，说明水分比较合适。

（三）粗饲料长度

TMR 原料的切割长度会影响奶牛的采食和消化，从而影响 TMR 饲喂的效果。如果切割过长，日粮搅拌不均，奶牛会挑食，影响瘤胃发酵以及产奶量；如果过短，会影响有效纤维含量摄入量，使奶牛反刍的时间不足，唾液分泌量下降，导致瘤胃 pH 下降，最终会影响奶牛的干物质采食量和生产性能。贺鸣研究发现，TMR 中粗饲料颗粒大小分别为 2 厘米、4 厘米、8 厘米时总的咀嚼时间呈依次递增趋势。张金吉（2008）通过试验得出，1～1.5 厘米稻草长度可有效地保持瘤胃内环境稳定，保证提高饲料利用率。赵正剑（2011）用不同长度的苜蓿干草饲喂奶牛，发现粗饲料过长严重影响干物质采食量。

（四）TMR 中的添加物

对于青贮料含量较高的日粮来说，还应有适量足够长度的青干草来促进动物的反刍咀嚼行为，提高瘤胃缓冲能力以维持瘤胃 pH 稳定。如果在 TMR 中加入的青干草量不足、青贮料相对过多，突然更换适口性较好的 TMR 后，短期内牛的采食量增加，但很快奶牛会出现食欲废绝、产奶量降低的问题。若此时加喂青干草，奶牛的食欲就可得到一定程度的恢复，这主要是短时期内奶牛采食过多的 TMR 后，使瘤胃中酸度过高所至。因此，在制作 TMR 时需要在原料中添加适量的青干草，青干草的添加还可以吸收部分含水量较多的原料如啤酒糟等过多的水分，防止 TMR 中含水量超标。

（五）TMR 的精粗比

配方中的精粗比会通过影响瘤胃菌群、pH 等各个方面而影响 TMR 饲喂效果。张石蕊（2008）研究了 TMR 技术下不同精粗比（T1，60∶40；T2，55∶45；T3，50∶50；T4，45∶55；T5，40∶60）对奶牛的采食行为、产奶性能和血清游离氨基酸的影响。结果表明，在 TMR 饲养技术下，日粮精粗比增加，奶牛干物质采食量从 T5 组的 13.57 千克/天显著降低至 T1 组的 12.70 千克/天，咀嚼时间从 T5 组的 786.50 分钟/天极显著降低至 T1 组的 607.83 分钟/天；奶牛的产奶量、4%标准奶产量、乳糖、乳总固形物和总非脂固形物产量均随日粮精粗比增加而显著增加。以 60%精料添加量的 T1 组为最高，分别为 13.92 千克/天、13.25 千克/天、0.65 千克/天、1.73 千克/天和 1.20 千克/天；但对奶牛的血清游离氨基酸含量无显著影响。表明对南方奶牛典型日粮采用 TMR 饲养技术，日粮精粗比的增加可提高奶牛的产奶性能，降低奶牛的干物质采食量、咀嚼时间，对奶牛的血清游离氨基酸含量没有显著影响。郭冬生（2011）研究了不同精粗比（80∶20、70∶30、60∶40、50∶50）TMR 对奶牛生产性能和牛奶品质的影响。结果表明，随着 TMR 中精料比例减少，产奶量降低；随着 TMR 中粗料比例增加，乳脂率增加；随着 TMR 中精料比例减少，乳蛋白率降低；随着 TMR 中精料比例减少，能量水平和蛋白含量降低，10 天日均采食量增加。所以，在制作 TMR 时应选择合适的精粗比。既要避免粗饲料过多而影响生产性能，又要避免精料过多而导致瘤胃酸中毒、奶品质降低等问题。

（六）喂料量及料槽管理

喂料量控制的目的是既要保证牛群采食到新鲜、适口的饲料，最大限度提高干物质采食量，又要把饲料浪费降到最低以节约饲养成本。

在 TMR 加料时，TMR 车要尽量匀速运动，使饲料均匀投放到饲槽中，且每只牛应有 50～70 厘米的采食空间。每天投料2～3 次，以确保饲料新鲜程度。此外，经常翻料和推料可以提高牛群采食量和饲料利用率。

在群饲情况下，要随时观察奶牛饲槽中剩料情况，既要保证每只牛吃到足够的饲料，又尽量减少饲料浪费。每次料槽中要有一定比例的剩料，但也不能剩料过多。若料槽中有剩料，要及时清理，防止饲料变质。

（七）搅拌车容量的限制

TMR 搅拌车或混合机不能装得过满，否则容易出现机械故障、机器磨损加快，影响使用年限。更重要的是，过度装满的搅拌车或混合机，其混合均匀度往往不够，从而影响母牛的采食量、营养水平、生产性能和奶品质，甚至因微量元素搅拌不匀使部分日粮中微量元素超标，从而导致奶牛中毒。

随着我国奶牛养殖规模的扩大和集约化管理程度的提高，精细的 TMR 饲喂技术给奶牛业带来新的生机。TMR 饲喂技术在生产上的应用实现了奶牛从粗放饲养到机械化、精细化和科学饲养的转变，保证了饲料产品安全，改善了饲料转化率，提高了奶牛健康水平、生产水平和生鲜乳质量。TMR 饲喂效果的提高将更有利于该技术的推广和中国奶牛业的长足发展。

第六节 采用 TMR 饲喂技术的制约因素

需要专门的机械设备、混合和计量设备。在原料的储存过程中，要经常调查并分析其营养成分的变化，尤其是水分。奶牛的分群管理、饲槽的改装、原料的往返运输需要劳力和时间的投入。还有 TMR 营养浓度设计、干物质的采食量（DMI）预测等问题。

第二章
奶牛场饲料区布局与设施

　　奶牛场的饲草料储存、加工和配送是现代化奶牛场生产运营的一个重要环节。一个大型奶牛场，每年消耗的精粗饲料达几万吨，饲料区设计是否合理，不仅影响奶牛的饲料储备，还直接影响饲料配送效率，从而影响能源消耗和饲料配送成本。

第一节　饲料区在奶牛场中的布局

　　现代化规模奶牛场按功能分为四大区域：办公生活区、生产区、饲料区和粪污处理区。为统筹考虑防疫及生产管理效率，四大功能区既要相互独立，又要通过道路交通系统紧密联系。办公生活区与生产区要彻底分离，工作人员进入生产区要经过更衣消毒方能进入，外来办事人员只能到达办公区，参观人员只能通过封闭的参观走廊到达挤奶厅二楼参观。而饲料区与生产区要靠近，作为奶牛场辅助生产区的饲料区包括干草库、饲料库、饲料加工调制车间和青贮窖等。这些场区应设在生产区边缘下风区、地势较高处，并临近生产区。方便内部饲料配送，减少运输距离，降低运输成本，达到节能、低碳运行的目的。饲料区要选地势较高、排水条件好的位置（图 2-1）。

图 2-1　饲料区在奶牛场的位置

第二节　饲料区内部区域布局

饲料区一般设计有青贮窖、干草棚、精料库、TMR 配制区和设备间等建筑物，各建筑物的尺寸和面积的设计依据是奶牛饲养规模和饲喂工艺。青贮窖的开口朝向精料库和干草棚，以便于取料和 TMR 配制（图 2-2）。

一、青贮区

青贮玉米是奶牛场使用量最大的粗饲料品种。青贮设计是否合理直接影响青贮玉米储存的数量和质量，从而影响奶牛日粮的稳定性和牛奶产量。

青贮容器的种类很多，但常用的有青贮窖和青贮塔。这些设备有了基本要求，才能保证良好的青贮效果。青贮的场址应选择土质坚硬、地势高燥、地下水位低、靠近畜舍、远离水源和粪坑的地方。青贮设施要坚固牢实，不透气，不漏水。内部要光滑平坦，窖壁应有一定倾斜度，上宽下窄，底部必须高出地下水位0.5 米以上，以防地下水渗入。长形青贮窖窖底应有一定的坡

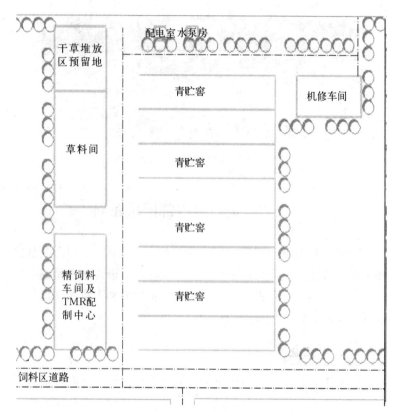

图 2-2 饲料区内部平面布局

度。青贮容器的类型一般有以下几种：

（一）类型

1. 青贮塔 地上的圆筒形建筑，一般用砖和混凝土修建而成，塔呈圆形，上部有顶，防止雨水淋入，长久耐用，青贮效果好，便于机械化装料与卸料。青贮塔的高度应不小于其直径的 2

倍、不大于直径的 3.5 倍。一般塔高 12～14 米，直径 3.5～6.0 米。在塔身一侧，每隔 2 米高开一个 0.6 米×0.6 米的窗口，原料由顶部装入。顶部装一个呼吸袋，装时关闭，取空时敞开（图 2-3）。此法青贮料品质高，但成本也高。

图 2-3 饲料青贮塔

近年来，国外采用气密（限氧）的青贮塔，由镀锌钢板乃至钢筋混凝土构成，内边有玻璃层，防气性能好。提取青贮饲料可以从塔顶或塔底用旋转机械进行。可用于制作低水分青贮、湿玉米青贮或一般青贮。青贮饲料品质优良，但成本较高，只能依赖机械装填。

2. 青贮窖 青贮窖有地下式和半地下式 2 种。多为饲养数量较少的场户使用。目前以地下式窖应用较广。地下式青贮窖适于地下水位较低、土质较好的地区；半地下式青贮窖适于地下水位较高或土质较差的地区。青贮窖以圆形或长方形为好。有条件的可建成永久性的，青贮窖四周用砖石砌成，水泥抹面，坚固耐用，内壁光滑，不透气，不漏水。圆形窖做成上大下小，便于压紧。长形青贮窖窖底应有一定坡度，以利于取用完的部分雨水流出。青贮窖容积，一般圆形窖直径 2 米、深 3 米，直径与窖深之比以 1：(1.5～2.0) 为宜。长方形窖的宽深之比为 1：(1.5～2.0)，长度根据饲养数量和饲料多少而定（图 2-4）。

图 2-4　长方形的青贮窖

设计时，按混合群每头奶牛每年消耗青贮玉米 7 吨、每立方米库容可储存 600～800 千克（平均 700 千克/米³）计算，每头奶牛每年共需 10 米³ 青贮玉米；若青贮窖平均高度按 4 米设计（一般设计为 3.5～4 米），则每头奶牛需青贮窖面积 2.5 米²，一个 1 000 头规模的牛场需要 2 500 米² 青贮窖，相当于 5 个 50 米长×10 米宽×4 米高的青贮窖。南方地区的奶牛场每年可进行夏、秋两季青贮，则青贮窖面积可按 70% 设计。

青贮窖长、宽、高度的设计：设计青贮窖时，宽度是考虑的重点。规模较小的牧场，若青贮窖建得较宽，则每次开窖需要好几天才能喂完。青贮料暴露时间长容易造成二次发酵甚至霉变，不仅使青贮料营养价值损失，还影响奶牛健康和牛奶产量。规模大的奶牛场，若青贮窖较窄，不仅建筑造价升高，而且不利于饲喂设备在窖内操作。特别是使用在田间直接收割粉碎的青贮方式，运输车辆无法在窖内转弯，影响工作效率。青贮窖的宽度主要取决于牛群规模和每天平均喂量，每天取料长度大于 0.5 米较好。设每天取料长度为 1 米，则 1 000 头规模牧场青贮窖的宽度为：

$$1\ 000\ 头\times20\ 千克/（头\cdot天）\div700\ 千克/米^3\div$$
$$4\ 米（窖高）\div1\ 米（长度）=7.2\ 米$$

所以，1 000 头规模奶牛场青贮窖宽度为 8～10 米较合适，万头牛场青贮窖宽度可设计为 30 米宽（宽度大于 30 米，封窖时间长且不方便）。青贮窖高度一般不超过 4 米，太高使用拖拉机压实有困难，取用也不方便。青贮窖的长度主要取决于场地大小，同时要考虑窖的宽度和 TMR 搅拌机运行方式（固定、牵引式）。若是牵引式 TMR 搅拌车，可以到窖内取青贮，青贮窖可以设计长一点；若是固定式 TMR 搅拌机，青贮窖太长则影响青贮玉米转运效率。个人认为，短于 40 米（影响贮存高度）和长于 100 米（取料距离远）都不太合适。

3. 圆筒塑料袋　选用厚实的塑料膜做成圆筒形，可以作为青贮容器进行少量青贮。为防穿孔，宜选用较厚的结实的塑料袋，可用两层。袋的大小，如不移动可做得大些；如要移动，以装满青贮料后 2 人能抬动为宜。塑料袋可用土埋住或放在畜舍内，要注意防鼠、防冻。美国玉米生产带利用玉米穗轴破碎后填入塑料袋中，饲喂牛。或用一种塑料拉伸膜，这种青贮装置是将青草用机器卷压成圆捆，然后用专门裹包机拉伸膜包被在草捆上进行青贮。

（二）青贮建筑物容重的计算

青贮建筑物容积可参考公式（2-1）和公式（2-2）计算：

$$圆形池(塔)的容积=3.14×半径^2×深度 \cdots\cdots (2-1)$$
$$长方形池的容积=长×宽×深 \cdots\cdots\cdots\cdots (2-2)$$

各种青贮原料的单位容积质量，因原料的种类、含水量、切碎和踩实程度不同而不同。一般来说，叶菜类、紫云英、甘薯块根为 800 千克/米^3，甘薯藤为 700～750 千克/米^3，牧草、野草为 600 千克/米^3，全株玉米 600 千克/米^3，青贮玉米秸 450～500 千克/米^3。

二、干草库

干草是奶牛重要的粗饲料，特别是苜蓿干草价格昂贵，为了防止其淋雨发霉，奶牛场必须建设专门的房舍存放干草（图 2-5、图 2-6）。所以，干草棚的设计既要防雨又要考虑通风，确保库存干草的品质。干草库建设要注意两点：一是建设面积，二是设计。

图 2-5　干草料库间

图 2-6 库内干草摆放

（一）干草库的面积

干草库的面积和牛群规模、日平均喂量、储存量、堆垛高度及草捆密度有关。按混合群头日均干草喂量 4 千克、每立方米草捆重 300 千克、平均堆垛高度 5 米、通道及通风间隙占 20%，储存量按 180 天计算，则

1 000 头规模的奶牛场干草棚面积＝1 000 头×4 千克/
（头·天）×180 天÷300 千克/米³÷5 米÷80%＝600 米²

（二）建筑设计

一般设计为冷弯薄壁型钢结构，室内外高差 20 厘米，建筑高度 6.0 米（檐高）墙体下部为 40 厘米砖混墙体，之上为单层彩钢墙面，上均留有 50 厘米高通风口，下部设有 180 厘米×40 厘米通风百叶窗。门采用电动卷门。屋面为单层彩板自防水屋面。

（三）其他要求

大型牧场干草棚不要设计成一栋或连体式，干草棚之间要有适当的防火间隔，配置消防栓和消防器材。维修间、设备库、加油站要与干草棚保持安全的防火间距。

三、精料库

精饲料一般指容积小、可消化利用养分含量高、干物质中粗纤维含量小于18％的饲料。包括能量饲料和蛋白饲料。能量饲料指干物质中粗纤维含量低于18％、粗蛋白质含量低于20％的饲料。常见的能量饲料有谷实类（玉米、小麦、稻谷、大麦等）、糠麸类（小麦麸、米糠等）等。蛋白饲料指干物质中粗纤维含量低于18％、粗蛋白质含量等于或高于20％的饲料。常见的蛋白饲料有豆饼、豆粕、棉籽饼、菜籽饼、胡麻饼、玉米胚芽饼等。奶牛精料补充料是奶牛日粮重要组成部分，占泌乳牛日粮干物质的50％左右，直接关系到奶牛的产量和牛奶质量。

（一）精料库面积

精料库的面积和牛群规模、日平均喂量、储存时间、堆垛高度有关。一个规模1 000头的奶牛场，混合群日平均每头精料喂量7千克，原料库存满足2个月饲喂量，原料平均堆放高度2米，通道和堆垛间的通风间隙约占20％，则原料库的面积＝1 000头×7千克/（头·天）×60天÷600千克/米³÷2米÷80％＝437.5米²，精料加工机组占地面积100米²，配合好的精料使用成品仓，整个精料库面积600米²即可满足需要（图2-7）。

（二）建筑设计

一般设计为冷弯薄壁型钢结构，室内外高差20厘米，建筑高度4.6米（檐高）墙体下部为3.0米砖混墙体，之上为单层彩钢墙面，上均留有50厘米高通风口。砖墙上部设有高窗（塑钢

图2-7　精料库房

推拉窗）通风。门采用电动卷帘门（带小门）。屋面为单层彩板自防水屋面。

（三）精料库内部设计

如在当地购买散装玉米等原料，则需要设计2.5米高隔墙将原料库隔成几个区，存放袋装原料的区域全部为通仓，只需要把地面硬化即可。

特大型牧场需专门设计饲料加工车间，玉米等粒状谷物原料可使用立筒仓，如玉米使用立筒仓存放，则原料库面积可相应缩小。

四、饲料加工车间

应远离饲养区，配套的饲料加工设备应能满足奶牛场饲养的要求，并配备必要的草料粉碎机、饲料混合机械（图2-8）。

图 2-8 饲料加工车间

第三节 奶牛场饲料的制备

一、干草的制备

青饲料水分含量高，细菌和霉菌容易生长繁殖使青饲料发生霉烂腐败。所以，在自然或人工条件下，使青饲料迅速脱水干燥，至水分含量为 $14\%\sim17\%$ 时，所有细菌、霉菌均不能在其中生长繁殖，从而达到长期保存的目的。也就是说，通过自然或人工干燥方法使刈割后的新鲜饲草迅速处于生理干燥状态，细胞呼吸和酶的作用逐渐减弱直至停止，饲草的养分分解很少。饲草的这种干燥状态防止了其他有害微生物对其所含养分的分解而产生霉败变质，达到长期保存饲草的目的。干草调制过程一般可分为两个阶段。

第一阶段：从饲草收割到水分降至 40% 左右。这个阶段的特点是细胞尚未死亡，呼吸作用继续进行，此时养分的变化是分解作用大于同化作用。为了减少此阶段的养分损失，必须尽快使水分降至 40％以下，促使细胞及早凋亡。这个阶段养分的损失量一般为 5％～10％。

第二阶段：饲草水分从 40％降至 17％以下。这个阶段的特点是饲草细胞的生理作用停止，多数细胞已经死亡，呼吸作用停止，但仍有一些酶参与一些微弱的生化活动，养分受细胞内酶的作用而被分解。此时，微生物已处于生理干燥状态，繁殖活动也已趋于停止。

干草的营养成分与适口性和牧草的收割期、晾晒方式有密切关系。禾本科牧草应于抽穗期刈割，豆科牧草应于初花现蕾期刈割。牧草收割之后要及时摊开晾晒，当牧草的水分降到 15％以下时及时打捆，避免打捆之前淋雨。豆科牧草也可压制成捆状、块状、颗粒成品供应。

二、青贮料的制备

制作青贮的玉米最适宜的收割期为乳熟后期至蜡熟前期；入窖时原料的水分控制在 65％左右为最佳，水分过高过低都会影响青贮的品质。青贮原料应含一定的可溶性糖，最低含量应达 2％，当青贮原料含糖量不足时，应掺入含糖量较高的青绿饲料或添加适量淀粉、糖蜜等。制作要求原料在青贮前，要切碎至 3.5 厘米左右。往青贮窖中装料，应边往窖中填料，边用旧轮胎层层压实，装窖时间一般应不超过 3 天。对于容积大的青贮窖，在制作时可分段装料、分段封窖。应用防老化的双层塑料布覆盖密封，密封程度以不漏气不渗水为原则，塑料布表面用砖土覆盖压实。在青贮的贮藏期，应经常检查塑料布的密封情况，有破损的地方应及时进行修补。青贮饲料一般在制作 45 天后可以使用。密封完好的青贮饲料，原则上以 1～2 年使用完毕为宜。

三、秸秆类饲料制备

物理处理法主要包括切短、粉碎、揉搓、压块、制粒等。秸秆切短至 3～5 厘米为宜。化学处理法主要包括石灰液处理、氢氧化钠液处理、氨化处理等。氨化处理多用液氨、氨水、尿素等。生物处理法主要采用秸秆微贮技术。

（一）高温酸处理法

主要将秸秆粉碎后经球磨机磨成粉，用盐酸（HCl）将物料拌湿，使秸秆的粗纤维酸解，装入转化室，通入蒸汽升温至 150 ℃，取出后用等当量烧碱（NaOH）中和。这种方法生产工艺复杂，腐蚀和污染严重，并且在高温酸解过程中，蛋白质凝固不易分解，难以被非反刍动物消化吸收。有的要求在 70 ℃左右的转化室内进行转化，能源上是不太划算的。

（二）自然发酵处理法

利用秸秆本身所带微生物发酵，在发酵过程中，温度、湿度、pH 一定，又需激活剂，才可制出有一定营养价值的秸秆饲料。可在一定程度上提高饲料适口性，但无法分解粗纤维，难以改变秸秆的化学组成，氨基酸和蛋白质含量均不够高。

（三）氨化法

此方法生产的饲料常称为氨化饲料。它主要以尿素作为非蛋白质态氮源补充，用来合成新的菌体蛋白。但它对于纤维素、半纤维素和木质素的酵解作用比较少，饲料的活化远远不够，消化能及总能均不高，一般只能喂养牛、羊等反刍动物。

(四)秸秆微贮法

新疆农业科学院采用复合活杆菌厌氧发酵处理,有效改善秸秆适口性,提高采食量和改善动物肠胃的微生态平衡,但生产周期较长,且只能用于反刍动物。

(五)EM处理法

日本琉球大学比嘉照夫教授发明,采用80多种有益生物工程菌处理秸秆和饲料,在粪便除臭、畜禽生长和防病方面有相当效果,但其成本较高。

四、日粮的配制

(一)配制原则

根据《奶牛饲养标准》和《饲料营养成分表》,结合奶牛群实际,科学设计日粮配方。日粮配制应精粗料比例合理、营养全面,能够满足奶牛的营养需要;适当的日粮容积和能量浓度;成本低、经济合理;适口性强,生产效率高;营养素间搭配合理,确保奶牛健康和乳成分的正常稳定。

(二)日粮配制应注意问题

日粮中应确保有稳定的玉米青贮供应,产奶牛以日均20千克以上为宜;奶牛必须每天应采食3千克以上的干草,应优先选用苜蓿、羊草和其他优质干草等,提倡多种搭配。

应注意合理的能蛋比,过多的蛋白质会引起酮病等代谢病,过量的脂肪会降低乳蛋白率。日粮配合比例一般为粗饲料占45%~60%,精饲料占35%~50%,矿物质类饲料占3%~4%,

维生素及微量元素添加剂占 1%，钙磷比为（1.5～2.0）：1。奶牛养殖中禁止使用动物源性饲料，外购混合精料应有检测报告（包括营养成分和是否含有动物源性及其药物成分）。

五、TMR 的制作

（一）添加顺序

1. 基本原则　遵循先干后湿、先精后粗、先轻后重的原则。
2. 添加顺序　干草—青贮—糟渣类—精料（包括添加剂）。如果是立式饲料搅拌车应将精料和干草添加顺序颠倒。

（二）搅拌时间

掌握适宜搅拌时间的原则是确保搅拌后 TMR 中至少有 20%的粗饲料长度大于 3.5 厘米。一般情况下，最后一种饲料加入后搅拌 5～8 分钟即可。

（三）效果评价

从感官上，搅拌效果好的 TMR 日粮表现在精粗饲料混合均匀，松散不分离，色泽均匀，新鲜不发热、无异叶，不结块。

（四）水分控制

水分控制在 45%～55%。

（五）注意事项

1. 根据搅拌车的容量，掌握适宜的搅拌量，避免过多装载，影响搅拌效果。通常装载量占总容积的 60%～75%为宜（图 2-9 和图 2-10）。

2. 严格按日粮配方，保证各组分精确给量，定期校正计量控制器。

3. 根据青贮等的含水量，掌握控制 TMR 的水分。

4. 添加过程中，防止铁器、石块、包装绳等杂质混入搅拌仓内，造成车辆损伤。

图 2-9　HPT 牵引式日粮搅拌车

图 2-10　牵引式 TMR 搅拌设备喂料场景

第四节　饲养方式和饲喂工艺对饲料区的设计要求

一、散栏式饲养

目前，国内外现代化奶牛场均采用散栏式饲养方式。所谓散栏式饲养，就是牛在不拴系、无颈枷、无固定床位的牛舍（棚）中自由采食、自由饮水和自由运动。到规定时间，在饲养员的诱导下有序地进入全机械化挤奶厅集中挤奶，挤完奶又轻松自如地返回自由营地。奶牛始终处于不受吆喝、不挨鞭打、不愁饥渴、无恐惧、无伤感的舒适状态，似回归了大自然。散栏式饲养是把奶牛采食、休息、挤奶和运动区域分开，与传统拴系饲养相比更加符合奶牛的自然和生理需要，奶牛能够全天候自由采食、自由运动，扩充了奶牛的活动空间和场所，运动量和光照时间明显增加，增强了牛的体质，提高了机体的抵抗力。便于实行机械化饲喂，提高劳动生产率。

二、饲喂方式

与拴系饲养人工分道饲喂不同，散栏式饲养工艺可完全实现TMR机械饲喂。饲料区设计时要考虑TMR搅拌车的转弯半径、车的高度（精料和干草棚门高度要合适），要给TMR配制留有足够的操作空间。

三、喂料设备的选择

TMR喂料车有自走式、牵引式和固定式。自走式喂料车可自行取料，进退灵活，运行效率高，配料操作所需场地面积小，但设备一次性投入大；固定式喂料车需要设计TMR配料区，同时需配备发料车，青贮玉米需用铲车搬运，运行成本高；牵引式喂料车可分别到干草棚、精料库和青贮窖取料，机动性较好，目前在规模化奶牛场中使用较普遍，但需要设计好道路的转弯半径，保证 TMR 喂料车运行通畅。

饲料运输和场区交通组织：为了防疫需要，饲料区有独立对外的大门，门口设消毒池，外来运输饲料的车辆进入饲料区必须经过消毒池，而且限定在干草棚、精料库等指定区域进行卸料作业；内部配送车辆（TMR 喂料车）在场区内封闭运行，饲料区员工经过统一的消毒更衣室进入饲料区。场区内部通过环形道路把各个牛舍饲料道串联起来，保证喂料车运行通畅快捷，提高饲料配送效率。由于牛舍粪污都是通过地下管渠输送，整个场区都是净道，不存在传统牧场中净道和污道的问题，喂料车运行路线更加流畅。

第五节　饲料区的相关配套设施

饲料区的配套设施主要有化验室、地磅、机修间、设备间和加油站。

一、化验室

应独立设置化验室，并与生产车间和仓储区域分离，避免灰尘、电磁干扰、辐射、温度、有害气体、振动等因素的干扰。开展饲料、饲草原料水分、干物质、概略养分和毒素、牛奶质量指标等检测分析，保证奶牛饲料安全及奶品质安全。

（一）常规饲料检测项目

1. 饲料理化性质检测　感观（外观及气味）、粒度、水分、灰分、pH、混合均匀度、粗脂肪、粗纤维、盐分、粗蛋白、维生素、微量元素含量等。

2. 饲料安全性检测　水溶性氯化物、挥发性盐基氮、氰化物、亚硝酸盐、三聚氰胺、重金属残留、农药残留、菌落总数、大肠菌数、霉菌数、芽孢杆菌数等。

（二）常用检测设备

饲料硬度计、凯氏定氮仪、自动型凯氏定氮仪、脂肪测定仪、粗纤维测定仪、水分快速测定仪、石英坩埚、电子天平、电热恒温鼓风干燥箱、电动粉碎机、蒸馏水器、不锈钢恒温水浴锅、调速多用振荡器、手提式高压灭菌器、马福炉、分光光度计等。

二、地磅

选择地磅时，不仅要注意量程（最大称重），同时要选好台面的长度。因为现在拉草车很长，大型牧场应选择量程100吨、台面长度18米的地磅。在地磅的日常使用中，应熟练掌握地磅称重操作规范，定期进行维护保养以及简单故障处理等（图2-11）。

图 2-11　地磅现场图景

三、机修间

因为机修间经常使用电焊、切割等产生火花的工具，要和干草棚保持足够的防火距离。

四、设备间

可采用卷帘门，方便进出。留有足够的空间以方便操作，要有良好的光照、排水、通风，在配电柜的上下及前面的 1.05 米的范围内不要安装设备。主要用于放置拖拉机、喂料车、装载机和青贮收割等设备（图 2-12～图 2-15），南方地区主要能防雨，北方寒冷地区还要采取保温措施，以保证冬季喂料车正常运行。

图 2-12　收割机

图 2-13　拖拉机

图 2-14　秸秆粉碎机

图 2-15　秸秆装载机

五、加油站

大型牧场每天要消耗很多柴油，需要建加油站；中小牧场在设备间储存柴油桶即可。

第三章
精饲料加工技术

　　饲料是能为畜禽提供营养物质或能用来饲喂畜禽的物质。因此，有很多物质可作为奶牛的饲料，它们的养分组成和营养价值各不相同。按饲料来源可将其分为植物性、动物性、矿物性和人工合成产品饲料；按形态又可分为固体和液体饲料，其中固体饲料又有粉状、粒状、块状等之分。通常我国将饲料分为八大类，即粗饲料、青绿饲料、青贮饲料、能量饲料、蛋白质饲料、矿物质饲料、维生素饲料和添加剂。生产上，奶牛的饲料通常分为青饲料、粗饲料与精料补充料三大类。

　　奶牛具有不同于猪禽等动物的消化生理特点。成年奶牛瘤胃中栖居着大量的微生物，可将饲料中的纤维素分解为可利用的有机酸如乙酸、丙酸和丁酸等，为奶牛提供 $60\%\sim80\%$ 的能量。因此，青粗饲料可占奶牛采食干物质总量的 $60\%\sim90\%$。对于育成期奶牛、空怀奶牛和非繁殖期成年种牛等生产力较低的牛，可以只供给青粗饲料。在生产中，供给充足的粗饲料不仅可以发掘当地的饲料资源，降低饲养成本，而且奶牛对青粗饲料的采食具有生理上的依赖性。因此，青饲料、青贮饲料和干草是饲喂奶牛的最主要的饲料，但在奶牛怀孕期、泌乳期、繁殖期成年种牛要适当补充精料。在奶牛业发达国家，根据奶牛在泌乳各阶段的营养需要，把切短的粗饲料、精饲料和各种添加剂进行充分混合，制成营养相对平衡的日粮饲养奶牛。

在满足奶牛营养需要所需的饲料中，精饲料与青绿饲料所提供的营养成分至关重要，它们的加工技术也显得尤为重要，正确的加工技术能大大提高饲料的营养成分含量。

第一节　奶牛精饲料概述

奶牛的精饲料重在补充粗饲料的营养不足，其营养含量应根据粗饲料的质与量以及动物的生产性能而定，故又称为精料补充料。奶牛饲养主要以青粗饲料为主，精料补充料是包含能量饲料、蛋白质饲料、钙磷补充料、食盐和各种添加剂，能补充青粗饲料养分含量不足的配合饲料。粗饲料、青绿饲料、青贮饲料、能量饲料、蛋白质饲料、矿物质饲料等各种饲料的营养价值虽然有高有低，但没有一种饲料的养分含量能完全符合奶牛的需要。对奶牛来说，单一饲料中各种养分的含量，总是有的过高，有的过低。只有把几种饲料合理搭配，才能获得与动物需要基本相似的饲料。配制优质的精料补充料，对养好奶牛、提高奶牛生产力、降低饲料成本和提高经济效益十分重要。

一、能量饲料

能量饲料是指每千克饲料干物质中消化能大于等于 10.45 兆焦以上的饲料，其粗纤维小于 18％，粗蛋白小于 20％。能量饲料可分为禾本科籽实、糠麸类加工副产品。

（一）禾本科籽实

禾本科籽实是牛的精饲料的主要组成部分。常用的有玉米、大麦、燕麦和高粱等。

1. 禾本科籽实饲料的营养特点

（1）淀粉含量高。禾本科籽实饲料干物质中无氮浸出物的含量很高，占70％～80％。而且其中主要成分是淀粉，只有燕麦例外（61％），其消化能达12.5兆焦/千克干物质。

（2）粗纤维含量低。一般在6％以下，只有燕麦粗纤维含量较高（17％）。

（3）粗蛋白含量中等。一般在10％左右，含氮物中85％～90％是真蛋白质。但其氨基酸组成不平衡，必需氨基酸含量低。

（4）脂肪含量少。一般在2％～5％，大部分脂肪存在于胚芽中，占总量的5％。脂肪中的脂肪酸以不饱和脂肪酸为主，易酸败，使用时应特别注意。

（5）矿物质含量不一。一般钙含量较低，小于0.1％；而磷较高，在0.31％～0.45％，但多以植酸磷的形式存在。钙磷比例不适宜。

（6）适口性好，易消化。

另外，禾本科籽实中含有丰富的B族维生素和维生素E，但所有禾本科籽实饲料中均缺乏维生素D；除黄玉米外，皆缺乏胡萝卜素。

2. 几种常见的禾本科籽实饲料

（1）玉米。玉米是禾本科籽实中淀粉含量最高的饲料；70％的无氮浸出物，且几乎全是淀粉。粗纤维含量极少，故容易消化，其有机物质消化率达90％。玉米的蛋白质含量少，且主要为醇溶蛋白和谷蛋白，氨基酸平衡差，必需氨基酸含量低。饲喂玉米时，须与蛋白质饲料搭配，并补充矿物质、维生素饲料。

（2）大麦。其蛋白质含量略高于玉米，品质也较玉米好，粗纤维含量高，但脂肪含量低，所以总能值比玉米低。由于大麦含较多纤维，质地疏松，喂乳牛能得到品质优良的牛乳和黄油。

（3）高粱。其营养价值稍低于玉米，含无氮浸出物 68％，其中主要是淀粉，蛋白质含量稍高于玉米，但品质比玉米还差，脂肪含量低于玉米。高粱含有单宁，适口性差，而且容易引起牛便秘。

（二）糠麸类饲料

它们是磨粉业的加工副产品，包括米糠、麸皮、玉米皮等。一般无氮浸出物的含量比籽实少，为 40％～62％；粗蛋白含量 10％～15％，高于禾本科籽实而低于豆科籽实；粗纤维 10％左右，比禾本科籽实稍高。

米糠中含较多的脂肪，达 12.7％左右。因此，易酸败，不易贮藏，如管理不好，夏季会变质而带有异味，适口性降低。但由于其脂肪含量较高，其用量不能超过 30％，否则使乳牛生长过肥，影响奶牛正常的生长发育和泌乳机能。

麸皮的营养价值与出粉率呈负相关。麸皮粗纤维含量高，质地疏松，容积大，具有轻泻性，是奶牛产前及产后的好饲料，饲喂时最好用开水冲稀饮用。

玉米皮的营养价值低，不易消化，饲喂时应经过浸泡、发酵，以提高消化率。

二、蛋白质饲料

蛋白质饲料是指饲料中粗纤维含量低于 18％、粗蛋白含量大于 20％的一类饲料。包括植物性蛋白质饲料、动物性蛋白质饲料和微生物蛋白质饲料。

（一）植物性蛋白质饲料

常用的有豆粕、棉籽饼、花生饼、菜籽饼、亚麻饼、葵花饼、椰子饼等。

1. 饼粕类蛋白质饲料的营养特点　其可消化蛋白质含量达 30％～40％，且氨基酸组成较完全。因加工方法不同，粗脂肪含量差别较大。一般压榨生产的饼粕脂肪含量高，在 5％左右；而浸提法生产的饼粕脂肪含量低，为 1％～2％。无氮浸出物含量少，约占干物质的 30％。粗纤维含量与加工时是否带壳有关，不带壳加工，其粗纤维含量仅 6％～7％，消化率高。B 族维生素丰富，胡萝卜素含量少，钙低磷高。

2. 几种常用的饼粕类饲料

（1）大豆饼。饼类饲料中数量最多的一种，一般粗蛋白质含量大于 40％，其中必需氨基酸含量比其他植物性饲料都高，如赖氨酸含量是玉米的 10 倍。因此，它是植物性蛋白饲料中生物学价值最高的一种。豆饼适口性好、营养全面，饲喂生长牛、泌乳牛和种公牛都具有良好的生产效果。

（2）花生饼。脱壳花生饼粗蛋白含量高，营养价值与豆饼相似，但赖氨酸和蛋氨酸比豆饼少，色氨酸比豆饼高。喂花生饼时，最好添加动物性蛋白饲料，或与豆饼、棉籽饼混饲效果好。

（3）棉籽饼。其粗蛋白含量仅次于豆饼，赖氨酸缺乏，蛋氨酸、色氨酸高于豆饼。棉籽饼虽含有棉酚，但喂牛（成年牛）不会产生毒副作用，对生产无不利影响。

（4）菜籽饼。其营养价值不如豆饼，含粗蛋白 34％～38％，可消化蛋白质为 27.8％，赖氨酸含量丰富。因含有芥籽毒等，初喂时可与适口性好的饲料混合使用，而且喂量不宜多，每日每头可喂 1 千克左右，否则会使牛乳有苦味。

（5）亚麻饼。赖氨酸含量很低。这种饲料含有一种黏性胶质，可吸收大量水分而膨胀，从而使饲料在瘤胃停留时间延长，有利于微生物对饲料进行消化。但麻饼中含有亚麻苷配糖体，经亚麻酶的作用，产生氰氢酸，引起奶牛中毒。用时可将亚麻饼在开水中煮几分钟，使亚麻酸被破坏，就可防止其中毒。

（二）动物性蛋白质饲料

这类饲料蛋白质含量高、品质好，所含必需氨酸较全，特别是赖氨酸和色赖酸含量丰富。因此，蛋白质生物学价值高，属优质蛋白质料。这类饲料不含纤维素、消化率高。钙磷比例恰当，B族维生素丰富。牛常用的蛋白质饲料有鱼粉、血粉等。

1. 鱼粉　鱼粉是奶牛生产中最好的蛋白质补充饲料，一般粗蛋白 $50\%\sim65\%$，含有各种必需氨基酸，鱼粉中含 $\omega-3$ 脂肪酸，其蛋白质的过瘤胃值高，在高产奶牛的饲养中是很理想的蛋白质饲料。

2. 血粉　血粉含蛋白质 80% 以上，粗脂肪 $1.4\%\sim1.5\%$，血粉也是过瘤胃值高的蛋白质饲料。

（三）微生物蛋白质饲料

这类饲料蛋白质含量很高，在 $40\%\sim50\%$。主要是菌体蛋白，其中真蛋白质占到 80%，蛋白质的品质介于动物性蛋白饲料与植物性蛋白饲料之间。目前，应用较多的是石油酵母，其蛋白质消化率很高，达 95% 左右。但其利用率却不高，为 $50\%\sim59\%$。如添加 0.3% 消旋蛋氨酸，可起到氨基酸平衡的作用，大大提高石油酵母的消化率和利用率。

三、矿物质饲料

矿物质饲料是指动物所必需并且具有缺乏症表现的矿物质元素。分为常量矿物质元素（含量占体重的 0.01% 以上）和微量矿物质元素（含量占体重的 0.01% 以下）。常量元素：钾、钙、钠、镁、硫、氯、磷（K、Ca、Na、Mg、S、Cl、P）。微量元素：铁、锰、铜、锌、碘、硒、钴（Fe、Mn、Cu、Zn、I、Se、Co）。奶牛饲养中常见的两种矿物质饲料为钙和磷。

（一）钙

体内最多的常量矿物元素，98％的钙以羟基磷灰石的形式存在于骨骼和牙齿中，其余的在细胞外液。钙是骨骼形成、肌肉兴奋、神经传导、心肌收缩和血液凝固所必需，另外也是牛奶中必不可少的一种元素。成年奶牛血浆中含有 90～100 毫克/升，比较稳定，可用来鉴定奶牛是否发生低血钙的症状。

奶牛需要的钙用于维持、泌乳、妊娠、生长这 4 个主要方面。NRC（2001）研究认为，非泌乳奶牛用于维持需要的可吸收钙 0.015 4 克/千克体重，而泌乳奶牛的需要为 0.031 克/千克体重。青年奶牛缺乏钙易发生佝偻病，成年牛缺乏钙易发生骨质疏松症。

（二）磷

奶牛体内第二大常量矿物质元素，大约 80％的磷存在于骨骼和牙齿中，以羟基磷灰石和磷酸钙的形式存在。其主要功能有：骨骼和牙齿的组成部分；以磷脂、磷蛋白和核酸的形式成为细胞壁和细胞器的组成部分；参与机体血液和其他体液的缓冲体系，尤其在奶牛唾液中有很大的比例，对于奶牛维持正常的瘤胃内环境有重要的作用，奶牛瘤胃内的微生物对纤维素的消化和微生物菌体蛋白的合成有重要的作用。成年奶牛血浆中磷的含量为40～60 毫克/升，含量基本不变，也可以作为临床诊断奶牛发生低血磷的指标。

同钙的用途一样，磷也是主要用于奶牛的维持、泌乳、妊娠、生长这 4 个主要方面。美国饲养标准规定：磷的需要量为 0.3～0.34％，就能满足奶牛的需要。但是，如果日粮中低于 0.25％的话，磷的缺乏症就比较明显，会影响奶牛的繁殖，导致不育不孕，繁殖技能降低，美国推荐的剂量为 0.42％。虽然低磷会降低繁殖机能，但高磷却不能提高奶牛的繁殖性能。磷长期不足或比例失调可引起佝偻病和骨软化症，也可造成奶牛的食欲降低或出现食欲异常。

四、添加剂饲料

（一）维生素类添加剂——胆碱

胆碱通常被归类于 B 族维生素。饲料原料中一般都存在天然胆碱，但其含量可因栽培条件不同而不同。大多数动物都具有合成胆碱的能力，但这种能力受到动物体内与胆碱合成和分解有关的酶的活性的影响。在奶牛营养中，胆碱的作用包括将脂肪肝的发病率降至最低、改善神经传导和作为甲基的供体等。添加胆碱还具有节省蛋氨酸的作用，否则，饲料中的蛋氨酸将用于胆碱的合成。动物缺乏胆碱，会出现呼吸障碍、行为紊乱、无食欲、生长减慢等症状。

（二）氨基酸类添加剂

近年来的研究表明，奶牛也存在小肠氨基酸不平衡的问题，主要是赖氨酸和蛋氨酸不能满足奶牛的需要。而通过改变小肠氨基酸模式，可以提高反刍动物的生产表现和蛋白质利用率。奶牛维持小肠可消化氨基酸的需要为 $2.3W^{0.75}$ 克（W 为奶牛体重），每千克奶（含 3.0％～3.3％粗蛋白）的小肠可消化氨基酸需要为 41～45 克，日产奶 30 千克以上的高产奶牛，其赖氨酸、蛋氨酸需要量的最低值分别为小肠可消化总氨基酸的 6.5％和 2.0％。由于瘤胃微生物对氨基酸的降解作用，给奶牛补充氨基酸必须选择经过保护处理的产品。目前，市场上已经有过瘤胃保护赖氨酸和蛋氨酸产品。

（三）瘤胃缓冲剂

在精料比例高、酸性青贮料和糟渣类饲料用量大的情况下，瘤胃 pH 容易降低，导致微生物发酵受到抑制，使奶牛健康受到影响。在这种情况下，添加瘤胃缓冲剂可以使瘤胃保持利于微生物发酵的环境，保证奶牛的生产和健康。常用的缓冲剂有小苏打、氧化镁和乙酸钠。小苏打是缓冲剂的首选，一般要求添加量占干物质采食量的 1％～1.5％。对于高产奶牛，可在此基础上再添加 0.3％～0.5％的氧化镁。乙酸钠的理想添加量为 300 克/（头·天）。乙酸钠进入瘤胃后，可以分解产生乙酸根离子，在对瘤胃起缓冲作用的同时，还为乳脂合成提供前体。

（四）饲用酶制剂

酶是由活化细胞产生的、催化特定生物化学反应的一种生物催化剂。酶制剂是酶经过提纯、加工后的具有催化功能的生物制品。饲用酶制剂是指添加到动物日粮中，以提高营养消化利用、降低抗营养因子或产生对动物有特殊作用的功能成分的酶制剂。饲用酶制剂包括：

1. 单酶制剂　其中又分为消化酶（淀粉酶、糖化酶、蛋白酶、脂肪酶）制剂和非消化酶（纤维素酶、半纤维素酶、果胶酶）制剂。

2. 复合酶制剂　当前，利用酶制剂提高饲料原料的消化利用率，对解决我国饲料原料资源严重匮乏问题及减少环境污染有重要意义。如：在犊牛日粮中添加酶制剂，可显著提高日粮中淀粉、粗蛋白的消化率；添加复合酶制剂可显著提高日增重、降低腹泻率。育成牛和成年牛饲喂纤维素酶，粗饲料采食量提高8%～10%，粪便中氮由初始减少30%到一周后降低70%，尿中氮含量下降60%。在奶牛日粮中添加纤维素酶复合酶53克/（头·天），奶牛平均日产奶量提高4.5%，奶料比下降4.32%，对乳成分无影响。

（五）酵母培养物

酵母培养物是包括活酵母细胞和用于培养酵母的培养基在内的混合物。米曲霉和酿酒酵母是目前国内外制备酵母培养物的常用菌种。酵母培养物有刺激瘤胃纤维素菌和乳酸利用菌的繁殖、改变瘤胃发酵方式、降低瘤胃氨浓度和提高微生物蛋白产量及饲料消化率的作用。在热应激状态下，日粮中添加酵母培养物能降低奶牛直肠温度。在奶牛日粮中添加酵母培养物，能提高日产奶量1～1.5千克，乳脂率和乳蛋白率也有不同程度提高。

（六）活菌制剂

活菌制剂又称为直接饲喂微生物，是一类能够维持动物胃肠道微生物区系平衡的活微生物制剂。主要有芽孢杆菌、双歧杆菌、链球菌、拟杆菌和消化球菌等。活菌制剂的剂型包括粉剂、丸剂、膏剂和液体等。活菌制剂在奶牛上应用可提高产奶量3%～8%，减少应激和增强抗病能力。

（七）瘤胃素

瘤胃素又称莫能菌素，属聚醚类抗生素，是用以改变瘤胃发酵类型的常用离子载体。最早应用于肉牛，对育成牛和初产母牛的试验表明，可提高增重 6%～14%，而对繁殖性能、产犊过程和犊牛初生重无任何不良影响。由于生长速度加快，青年母牛可提前配种、产犊，因而节省大量饲料费用。在奶牛中应用，可降低瘤胃中乙酸、丁酸和甲烷的产生量，提高丙酸的产生量，合成更多的葡萄糖，提供更多的用于乳糖合成的前体物，从而提高奶牛产奶量。瘤胃素提高反刍动物生产性能的机制与其改变瘤胃中挥发酸产生比例和减少甲烷产生量有关，生产上的反应是提高饲料转化效率、减少热增耗、缓解热应激、节省蛋白质、改变瘤胃充满度和瘤胃食糜外流速度。

第二节　奶牛精饲料加工技术

奶牛精料饲料加工工艺流程包括原料的接收与清理、饲料粉碎、饲料的配料计量、混合、制粒和膨化、打包。

一、原料的选择与接收

物料的物理特性有散落性、摩擦系数、自动分级和密度，物料的化学特性包括吸附性、吸湿性、热稳定性、化学稳定性、毒性和静电性。

原料的接收分为原料的陆路接收、原料的水路接收和液体原料的接收 3 种。

优质饲料原料是生产安全饲料的前提。为保证原料质量，对每批购入的原料都要进行抽样检测，饲料原料的检验除感官检查和常规的检验外，还应该测定其内部的农药及铅、汞、镉、钼、氟等有毒元素和包括工业三废污染在内的残留量，将其控制在允许的范围内。对未达到标准的原料要妥善处理。同时，不要选用品质不稳定原料。有些原料并非掺假使品质下降，而是因加工方法不同使其含杂量大，营养成分不稳定。或因品种和产地不同而成分含量波动大等。各类添加剂更由于载体不同、原料品质而有差异。这些必然会造成营养素的不平衡，有些营养会超过需要而浪费，有些养分则因不足而影响动物发育，有害物质还会影响禽体健康和产品质量。

二、原料的清理

原料清理不单是为了保证成品的含杂不要过量，而是为了保证加工设备的安全生产，减少设备损耗以及改善加工时的环境卫生。饲料加工厂常用的清理方法有筛选和磁选两种。

（一）筛选

初清设备有振动筛、网带式初清筛、圆锥式初清筛和圆筒式初清筛等。按照选用设备结构简单、操作方便、耗电量少、粉尘不外扬、噪声小和便于密闭等原则，饲料厂以选用圆筒初清筛较合适。

（二）磁选

常用磁选设备有永磁滚筒、永磁筒、悬浮或电磁分离器等，其中以不用动力的永磁桶为好。

原料接收与清理一般工艺见图 3 - 1。

三、饲料粉碎

粉碎是用机械的方法克服固体物料内聚力而使之破碎的一种操作。饲料原料的粉碎是饲料加工过程中的最主要的工序之一。它是影响饲料质量、产量、电耗和加工成本的重要因素。粉碎机

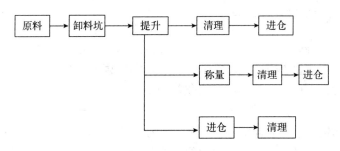

图 3-1　原料接收与清理一般工艺

动力配备占饲料厂总功率配备的 1/3 左右，微粉碎能耗所占比例更大。因此，如何合理选用先进的粉碎设备、设计最佳的工艺路线、正确使用粉碎设备，对于饲料生产企业至关重要。饲料粉碎对饲料的可消化性和动物的生产性能有明显影响，对饲料的加工过程与产品质量也有重要影响。适宜的粉碎粒度可显著提高饲料的转化率，减少动物粪便排泄量，提高动物的生产性能，有利于饲料的混合、调质、制粒和膨化等。

（一）粉碎的目的

一方面，增加饲料的表面积，有利于动物的消化和吸收。动物营养学试验证明，减少颗粒尺寸，改善了干物质、蛋白质和能量的消化和吸收。另一方面，改善和提高物料的加工性能。通过粉碎可使物料的粒度基本一致，减少混合均匀后的物料分级。对于微量元素及一些小组分物料，只有粉碎到一定的程度，保证其有足够的粒子数，才能满足混合均匀度要求；又如对于制粒加工工艺，粉碎物料的粒度必须考虑粉碎粒度与颗粒饲料的相互作用。

（二）粉碎粒度要求

各种原料经过必要的粉碎，按照配方进行充分的混合。粉碎的颗粒宜粗不宜细，如玉米的粉碎，颗粒直径以 2～4 毫米为宜。另可以采用压扁、制粒和膨化等加工工艺。

一般来说，矿物质元素预混添加剂粉碎得越细、混合得越均匀，饲喂效果就越好。蛋白质饲料经过粉碎之后，能增加饲料与畜禽消化液的接触面，可以提高饲料的消化率。但也不宜粉碎得过细，导致畜禽咀嚼不充分、唾液混合不均匀，反而妨碍消化。饲料的粉碎细度应视畜禽的种类而异。奶牛的精饲料的粉碎细度可超过 2 毫米，因为牛可以反刍，饲料稍粗一点有利于反刍，提高饲料的消化率。年老牛的饲料可以粉碎到 1 毫米以内，以利于消化。

（三）粉碎设备

按粉碎机械的结构特征可将粉碎设备分为五类：锤片式粉碎机、盘式粉碎机、压碎粉碎机、辊式粉碎机和碎饼机。

四、饲料的配料计量

饲料的配料计量是按照预设的饲料配方要求，采用特定的配料计量系统，对不同品种的饲用原料进行投料及称量的工艺过程。经配制的物料送至混合设备进行搅拌混合，生产出营养成分和混合均匀度都符合产品标准的配合饲料。饲料配料计量系统指的是以配料秤为中心，包括配料仓、给料器和卸料机构等，实现物料的供给、称量及排料的循环系统。现代饲料生产要求使用高精度、多功能的自动化配料计量系统。电子配料秤是现代饲料企业中最典型的配料计量秤。

饲料配料计量秤根据其工作原理可以分为容积式与重量式两类。容积式配料计量秤是按照计量物料容积的比例大小进行配料计量的。它易受到诸如物料特性、配料仓流动特性等影响量的变化而导致计量准确度与稳定性差，现已不见采用。重量式连续计量秤则因其称量准确度达不到配料工艺要求，目前在饲料厂中尚未采用。按工作过程，配料计量秤可以分为连续式与分批式（间歇式）两类。目前，在饲料厂使用最为普遍的是重量分批式配料计量工艺。重量分批式配料计量秤以机械或电子配料秤为核心，以机械杠杆的平衡性或电子传感器阻值的变化来反映重量的变化，以重量的变化来控制物料的流量，达到分批称重的目的。

五、混合

每头奶牛每餐的采食量只是工厂生产的某一批饲料中极少的一部分。为保证奶牛每餐都能采食到包含有各种营养成分的饲粮，就必须保证各组分物料在整批饲料中均匀分布，尤其是一些添加量极少而对畜禽生长又影响很大的"活性成分"，如维生素、微量元素、药剂及其他微量成分等，更要求分布均匀。

所谓混合，就是各种饲料原料经计量配料后，在外力作用下各种物料组分互相掺和，使其均匀分布的一种操作。在饲料生产中，主混合机的工作状况不仅决定着产品的质量，而且对生产线的生产能力也起着决定性的作用。因此，被誉为饲料厂的"心脏"。

（一）混合的分类

1. 按物料的状态分　饲料混合类型按被混合物料的状态（性质）来分，有固固混合和固液混合两种。固固混合又包括了主流混合和预混合；固液混合为粉状饲料中添加少量液体的固液混合。

2. 按混合工艺分 混合操作又分为分批混合和连续混合两种。分批混合就是将多种混合组分根据配方的比例要求配置在一起。并将其送入周期性工作的批量混合机进行混合。混合机的进料、混合与卸料3个工作过程不能同时进行。3个工作过程组成一个完整的混合周期。混合一个周期，即生产出一批混合好的饲料。这种混合方式改换配方方便，各批之间的混杂较少，是目前普遍应用的一种混合工艺。连续混合，是各种物料分别同时连续计量，并按配方的比例配置成一股含有各种组分的料流。当料流进入连续混合机后，混合成一股均匀的料流。这种混合工艺的优点是可连续地进行生产，前后工段容易衔接、操作简单，目前连续混合仅用于混合质量要求不高的场合。

3. 按混合过程分 混合过程实际上是物料间相互掺和及相对运动的一个过程。在外力作用下，物料混合可分为对流混合、剪切混合和扩散混合3种类型。

（1）对流混合又称体积混合，物料在外力作用下从一处移向另一处，即物料团做相对运动。这种类型的混合使物料达到粗略的混合，混合程度决定于机械作用的强度，而物料特性对混合质量的影响较小。

（2）剪切混合指在混合机构作用下，使物料间彼此形成许多相对滑动的剪切面而发生的混合。

（3）扩散混合指物料由于受到压缩，或在流动的过程中，粒子间的相互吸引、排斥或穿插，而引起的物料间的无定向无规律的移动。扩散混合的速度，主要决定于物料的物理特性，即分散性良好的物料比黏滞料易混合均匀。

（二）混合机

1. 混合机分类

（1）混合机按作业方式分为批式混合机和连续式混合机。批式混合机指将各种饲料原料按配方比例要求配置成一定容量的一个批量，将这个批量的物料送入混合机进行混合，一个混合周期即生产一个批量的产品。现代饲料厂普遍使用分批式混合机。连续式混合机指将各种饲料分别按配方比例要求连续计量，同时送入混合机内进行混合，它的进料和出料都是连续的。

（2）混合机按主轴的布置形式可分为卧式混合机和立式混合机。卧式混合机有混合周期短、混合均匀度高以及残留量少等优点。立式混合机结构简单、动力小，但混合周期长、残留量多。

（3）按运动部件分，混合机分为机壳回转型和机轴转动型两大类。

2. 对混合机的技术要求

（1）混合均匀度要求较高。饲料标准中规定，对于配合饲料的混合均匀度变异系数≤10％，对于预混合饲料的混合均匀度变异系数≤5％。

（2）混合时间要短。混合时间决定了混合周期，混合时间的长短可影响到生产线的生产率。

（3）机内残留率要低。为避免交叉污染，保证每批的产品质量，配合饲料混合机内残留率 $R \leqslant 1\%$，预混合饲料混合机 $R \leqslant 0.8\%$。目前，先进的机型可达到 0.01% 以下。

（4）混合机要满足结构合理、简单、不漏料，便于检视、取样和清理等机械性能要求。

六、制粒和膨化

(一) 制粒

通过机械作用将单一原料或配合混合料压实并挤压出模孔形成的颗粒状饲料称为制粒。制粒的目的是将细碎的、易扬尘的、适口性差的和难于装运的饲料，利用制粒加工过程中的热、水分和压力的作用制成颗粒料。

与粉状饲料相比，颗粒饲料可提高饲料消化率，减少动物挑食，使得储存运输更为经济。经制粒一般会使粉料的散装密度增加40%~100%。颗粒饲料可避免饲料成分的自动分级，减少环境污染，同时可杀灭动物饲料中的沙门氏菌。

颗粒产品分为硬颗粒、软颗粒和膨化颗粒三类。硬颗粒是调质后的粉料经压模和压辊的挤压，通过模孔成型。硬颗粒饲料产品以圆柱形为多，其水分一般低于13%，相对密度为1.2~1.3，颗粒较硬，适用于多种动物，是目前生产量最大的颗粒饲料。软颗粒含水量大于20%，以圆柱形为多，一般由使用单位自己生产，即做即用，也可风干使用。膨化颗粒是粉料经调质后，在高温、高压下挤出模孔成型，软硬适中，利于消化。

硬颗粒饲料有一定技术要求，感官指标要求硬颗粒饲料产品的形状要求大小均匀，表面有光泽，没有裂纹，结构紧密，手感较硬。颗粒直径或厚度为1~20毫米，通常颗粒饲料的长度为其直径的1.5~2倍。

(二) 制粒机械分类

制粒机械主要分为对辊式制粒机、螺旋制粒机、环模制粒机和平模制粒机四类。对辊式制粒机主要工作部件是一对反向、等速旋转的轧辊。它依靠轧辊的凹槽，使物料成形。因该机压缩作用时间短、颗粒强度较小、生产率低，一般应用较少。螺旋制粒机主要部件是圆柱形的或圆锥形的螺杆，它依靠螺杆对饲料挤压，通过模板成形，生产效率不高。我国多用其生产软颗粒饲料。环模制粒机主要部件是环模和压辊，通过环模和压辊对物料的强烈挤压使粉料成形。它又可分为齿轮传动和皮带传动型两种，是目前国内外使用的最多的机型，主要用于生产各种畜禽料、特种水产料和一些特殊物料的制粒。平模制粒机主要工作部件是平模和压辊，结构较环模简单；但平模易损坏，磨损不均匀；国内的平模制粒机多为小型机，它较适用于压制纤维型饲料。

（三）膨化

膨化饲料是将粉状饲料原料（含淀粉或蛋白质）送入膨化机内，经过一次连续的混合、调质、升温、增压、挤出模孔、骤然降压以及切成粒段、干燥、稳定等过程所制得的一种膨松多孔的颗粒饲料。

植物性原料经过膨化过程中的高温高压处理，使其淀粉糊化、蛋白质组织化，有利于动物消化吸收，提高了饲料的消化率和利用率。原料经高温、高压膨化后可杀死多种细菌，能预防动物消化道疾病。模板可制成不同形状的模孔，因此可压制不同形状、动物所喜爱的膨化颗粒料。

但膨化料也有其缺点，一是对维生素 C 和氨基酸都有一定的破坏作用。故一般在膨化后再添加维生素 C 和氨基酸。二是膨化加工耗电量大、产量低，但一般可以从提高饲料报酬中得到回收。

膨化机按螺杆的结构可分为单螺杆和双螺杆两种形式。单螺杆结构相对较简单，双螺杆结构较复杂，但它能膨化黏稠状物料而出料稳定，受供料波动的影响较小。按调质方法可分为湿法膨化和干法膨化两种膨化机。湿法膨化机在调质时要添加水蒸气，以增加物料的湿度和温度；而干法膨化机在调质时不加蒸汽，但有时要添加水分以增加物料的湿度。加水、加蒸汽后物料在调质前的含水量可达 25%～35%。

七、打包

有人工打包、半自动打包和自动打包，散装饲料不需打包，直接用散装车装走运往养殖场饲喂，一般用于大型养殖场。

第四章
粗饲料和青绿饲料加工技术

奶牛全日粮由粗饲料、精饲料（或称精料补充料）和辅料组成。长期以来，人们多把注意力集中于精饲料和辅料。而粗饲料相对而言，一般不被重视，也不愿意在粗饲料上有较高的投入。这其实是一个极大的误区。

根据国际惯用的饲料分类原则，将饲料分为 8 大类：粗饲料、青饲料、青贮饲料、能量饲料、蛋白质饲料、矿物质饲料、维生素饲料、添加剂。本章所介绍的粗饲料，是相对于精饲料而言，指的是干物质中粗纤维含量大于或等于 18% 的一类饲料。本章具体介绍了干饲草类粗饲料、青贮饲料、青绿类粗饲料、秸秆类粗饲料、秕壳类粗饲料、树叶类粗饲料 6 种粗饲料的加工技术。

第一节 奶牛粗饲料概述

一、粗饲料在奶牛体内的消化吸收

粗饲料富含纤维素，纤维素是 β-多聚葡萄糖，可在瘤胃微生物产生的纤维素酶作用下，被分解成葡萄糖。能降解纤维素的微生物包括：细菌、真菌和纤毛虫。细菌和真菌覆贴在粗纤维表面上，对粗纤维进行消化并逐步地深化。纤毛虫对粗纤维的结构进行物理性破坏，使细菌和真菌更容易覆贴在粗纤维表面上。虽然纤维素可被降解纤维素细菌所完全消化，但是一般的饲料由于表面上覆盖有不易被降解的木质素，因而消化率不高。降解纤维素的细菌对 pH 很敏感。如 pH 低于 6.2 时，粗纤维的消化率降低；pH 低于 6.0 时，消化完全停止。另外，降解纤维素细菌也对脂肪很敏感，当脂肪添加量高于 7% 时，降解纤维素细菌活力受到抑制，造成采食量降低。纤维素降解后的最终产物为乙酸、丙酸和丁酸等挥发性脂肪酸（VFA），其中乙酸的比例较高。

奶牛饲料中对乳脂影响最大的是粗纤维含量。若日粮中的牧草低于 50%，或酸性洗涤纤维（ADF）低于 19%，或将全部饲料中的粗纤维限定在 13% 时，会导致日粮的乙酸、丙酸比下降，从而降低牛奶中乳脂的含量。

二、粗饲料问题在奶牛饲养中的具体表现

一是在饲养中对人们对粗饲料没有给予应有的重视。粗饲料种类繁杂，如苜蓿、羊草、当地普通干草、玉米秸秆、稻草、其他农作物秸秆和副产品等。二是粗饲料供应无计划，有什么吃什么，什么便宜吃什么。三是配合日粮时没有充分考虑粗饲料方面的问题，不能根据日粮粗饲料的质量情况在精料补充料中给予相应的平衡与补充。四是没有对粗饲料进行适当的加工调制。五是奶牛每天粗饲料进食量偏低，辅料进食量偏高，精料水平也偏高。六是青贮质量差。七是奶牛全日粮中钙、磷比例不平衡，不注意微量元素和维生素的补充。

三、粗饲料存在的问题对奶牛造成的不良后果

奶牛是反刍草食家畜。饲养原则是以粗饲料为主、以精饲料为辅。如粗饲料是以营养含量低、适口性差的玉米秸秆、麦秸、

稻草或去穗玉米青贮为主的，人们为了提高产奶量，用过多的精饲料来补足粗饲料营养的短缺，致使精粗比例失衡（精料多、粗料少）、粗纤维少、瘤胃酸度过大，其结果导致产奶量减少、乳脂率下降以及全日粮中干物质含量低。并会引起酒精阳性乳、前胃迟缓、第四胃变位、脂肪肝、肝脓肿、酸中毒、肢蹄病、隐性乳房炎、酮病和产后瘫痪等多种代谢病的发生，进一步造成奶牛的淘汰、利用年限缩短和经济效益下降。

四、粗饲料在奶牛饲养中的重要作用

一是促进奶牛反刍和唾液分泌，维持瘤胃的内环境。二是促进奶牛消化道蠕动和食糜的排空。三是维持挥发性脂肪酸中乙酸的比例，维持正常的乳脂率。四是促进后备牛前胃的发育。五是为母牛提供营养物质，奶牛每天由奶中分泌出大量的营养物质，因而对营养物质的需求也多。

五、在配合奶牛日粮时经常遇到的问题与解决方法

第一，如果采用质量较差的粗饲料，很难配出能够满足营养需要的日粮。原因在于所用的粗饲料质量太差，营养成分浓度太低。

第二，难以保证粗饲料在日粮中的合理比例。对于产奶量较高的牛来说，很容易发生进食的营养物质不能满足泌乳的需要，使母牛入不敷出。为了避免这种情况的发生，人们一般会用降低粗饲料在日粮中的比例、提高精料补充料比例的方法来满足母牛对营养物质的需求，这样必然会导致日粮中粗纤维的不足。其结果是瘤胃 pH 下降、消化不良、乙酸比例低、乳脂率下降，严重者产生酸中毒。这种情况持续时间长了，就会对母牛的健康造成永久性伤害。这是高产奶牛不能长寿的一个重要原因。因

此，最佳的精粗料比是：产犊后 1～120 天，4：6 或 4.5：
5.5；产犊后 121～210 天，3：7 或 3.5：6.5；产犊后 211 天，
2：8 或 2.5：7.5。

第三，如以优质干草为粗饲料的主体，可适当少量使用低质
粗饲料，但低质粗饲料应进行适当的加工处理。可全部以中等质
量干草为粗饲料的主体。如只能以低质干草或秸秆为粗饲料主体
的，必须对秸秆进行适当的加工处理。同时在精料补充料中使用
优质蛋白饲料，以提高蛋白质含量，使用保护性脂肪以提高能量
浓度。在只能用低质粗饲料作为粗饲料唯一来源，而又不能在精
料补充料中采用特殊的方法予以补偿时，应对高产奶牛的产奶量
进行必要的控制。

六、在粗饲料的使用中应遵循的原则

第一，尽可能使用优质粗饲料。第二，能够使用干草的情况
下就不使用秸秆。第三，使用秸秆时应以玉米秸秆为首选。第
四，在使用秸秆时，应对其进行适当的加工处理。注意在精料补
充料中强化蛋白质和能量的含量，注意维生素和矿物质的添加，
同时使用优质青贮饲料，最好能补充块根块茎饲料。

第二节　奶牛干饲草加工技术

在奶牛饲养中，干饲草在很多地区被大量使用，可制作干饲
草的原料主要有野生牧草和人工栽培牧草。由于野生牧草产量
低、品种杂，所以在生产中多用人工栽培牧草。牧草拥有种类
多、分布广、适应性强、易种植、营养价值丰富和更新快等多种
特性。牧草品种很多，主要分为两大类，一类为豆科类牧草，主
要有苜蓿、沙打旺、红豆草、小冠花、白花草木樨、紫云英、苕

子、红三叶、白三叶和百脉根等品种的牧草。另一类为禾本科牧草，主要有黑麦草（或宿根黑麦草、牧场黑麦草）、多花黑麦草、鸭草、苏丹草、象草（也称紫狼尾草）、杂交狼尾草、墨西哥类玉米、高粱、披碱草、苇状羊茅、草地早熟禾、羊草和无芒雀麦等品种的牧草。我国地域广阔，横跨温带、亚热带和热带3个气候区，地理环境十分复杂，气候条件多种多样，土壤类型繁多。对于牧草种植来说，必须根据当地土壤性质、气候条件和草食畜禽现状做出适当的选择。

由于多数牧草直接用于饲喂畜禽，所以在防治病虫害时，要注意选择高效、低毒和低残留的农药，提倡以生物防治为主。

一、牧草的收割

（一）牧草收割期的确定

牧草在收割时必须考虑到牧草的产量、质量、草地的持久性以及植株的形态发育等因素。牧草的干物质产量从生长（出苗、返青、收割后）到盛花期一直增加，盛花期后由于叶的脱落而使干物质产量下降。牧草叶的营养成分一般大于茎。幼嫩的植株叶量多，营养成分高，随着牧草的生长发育，叶的含量相对减少，牧草的质量下降。早割可获得优质饲草，但频繁的收割降低牧草丛的持久性，影响干草晒制，禾本科牧草应在抽穗—初花期收采，豆科牧草应在初花期收割。

第一茬牧草的收割一般选择在初花期（植株有 10％开花），这对饲草的草量、质量和草丛的持久性都是有利的。如果收割的干草饲喂奶牛和幼龄畜禽，应以现蕾期收割为宜。以后每隔30～35 天收割一次，最后一次收割应在 9 月末进行，留有 30～40 天的生长时间，有利于越冬和第二年高产。牧草收割要视天气情况而定，尽量避免收割后雨淋，对牧草干草质量至关重要。

（二）牧草的收割高度

在收割牧草时，首先要确定牧草适宜的收割高度。适宜的收割高度应根据牧草的生物特性和当地土壤、气候条件来确定，一般上繁草收割留茬高度应在 4～6 厘米，下繁草收割留茬高度应在 2～4 厘米。栽培不同牧草，留茬高度也不一致，如黑麦草一般为 3～4 厘米，天然草地一般为 3～6 厘米。另外，根据牧草的生育期不同留茬高度也不同，如从分蘖节、根颈处再生形成的再生牧草，收割留茬高度可低些；内叶腋再生枝形成再生草，收割留茬高度应比上者稍高。

（三）牧草的收割次数

牧草在一年中收割次数是根据牧草的生产性能、土壤条件、气候条件和对牧草的管理水平而定。总的来说，当具备良好管理和自然条件时、牧草生长比较快时，可适当多收割。

二、牧草的收割机械

（一）割草机的要求

割草机类型繁多、结构不同，但总体的要求是：割幅要适合，拖拉机行走或割草机地轮在作业过程中不压草。传动部件要有防护措施，以防堵塞或缠绕。对地形适应性好、收割茬高度宜调整。操作方便、安全装置齐全以及技术经济指标良好。

（二）割草机种类

按照不同的划分标准，割草机可以有以下划分：按行进方式，可分为拖行式、后推行式、坐骑式和拖拉机悬挂式。按动力驱动方式，可分为人畜力驱动、发动机驱动、电力驱动和太阳能驱动。按割草方式，可分为滚刀式、旋刀式、侧挂式和甩刀式。按割草要求，可分为平地式、半腰式和截顶式。

　　按割草机的驱动方式，可分为手动式割草机和液压驱动割草机两类。①手推式割草机。用手动式割草机的高度是固定的，所以无需人为地控制高度，功率低、噪声大，但外形精巧美观。可大幅度减少人工操作，目前正在被广泛运用。②液压驱动割草机。液压割草机的后轮驱动主要由液压马达驱动，操作简单，实现零转弯，在商业随进式割草机和乘骑式割草机中得到了大量的应用。具有良好的操作性和动力特征，主要用于普通作业。

　　按照刀片的运作方式，可分为旋转刀式割草机和滚刀式割草机。①旋转刀式割草机。旋转刀式割草机适合于收获天然牧草和种植牧草。其按动力传递方式又可分为上传动式和下传动式两种。旋转刀式割草机的特点主要是结构简单、操作可靠、调整方便、传动平稳、不需惯力平衡、不堵刀，而且作业速度高、维护保养少。它的缺点是重割区大、割茬达不到统一要求。②滚刀式割草机。这种割草机主要适用于地面平坦、质量较高的草坪，如各种运动场。滚刀式割草机有手推步进自行式、乘坐式、大型拖拉机牵引式和悬挂式等。滚刀式翻草机的切割装盆主要由滚刀（动刀）和底刀（定刀）组成。滚刀的形状像一个圆柱形鼠笼，切割刀呈螺旋形安装在圆柱表面上，滚刀旋转带动草茎相对于底刀产生一个逐渐切割的滑动剪切而将草茎剪断。滚刀式割草机割草的质量决定于滚刀上的刀片胶和滚刀的转速。滚刀上的刀片数越多，单位长度行进中切侧的次数就越多，切下的草也越细；滚刀上的刀片数一般从 3～12 不等。滚刀的转速越高，切下的草也越细。

往复式割草机是依靠切割器上动刀和定刀的相对剪切运动切割牧草。其特点是割茬整齐，单位割幅所需功率较小；但对牧草不同生长状态的适应性差，易堵塞。适用于平坦的天然草场和一般产量的人工草场。由于切割器在作业时振动大，限制了作业速度的提高。动刀切割速度一般低于 3 米/秒，作业前进速度一般为 6～8 公里/小时。往复式割草机包括剪草机或修枝机，都是通过偏心轮，使把左右摆动或前后摆动，从而对物件进行剪切的工具。

圆盘式割草机，选用回转式切割器，对牧草的适应性强，特别适应于稠密、倒伏和缠连的牧草，工作平稳、生产率高。常用的往复式与圆盘式割草机有以下几种（表 4-1）：

表 4-1　往复式与圆盘式割草机

机型	国别	型式	割幅（米）	速度（千米/小时）	生产率（公顷/小时）	驱动动力（千瓦）
9G-2.1	中国	牵引往复	2.1	5.5	0.8	3.68
9GX-2.1	中国	悬挂往复	2.1	5.5	0.86	2.94
350	美国	悬挂往复	2.74	8～10	2.00	2.28
SM-4	德国	圆盘式	1.7	10～12	1.33	8.31

三、牧草加工成干饲草的技术

我国农区饲养着大量的草食畜禽，夏、秋季一般农作物茎叶、树叶和野生杂草生长旺盛，产量较高，源源不断地向草食畜禽提供青绿饲料。而到了冬春季节，农作物收割、野生杂草停止生长，畜牧生产便进入一年一度的枯草季节，饲草供应不均衡的问题严重制约了畜牧业的发展。为了解决这一问题，除利用农作物秸秆和适度淘汰商品畜禽以外，在夏、秋牧草盛期，将牧草收割后，通过加工、调制和贮藏，无疑是解决阴雨天和冬春草缺的主要途径。目前，牧草加工业（或产业化）在我国属于新技术产业，该产业的发展还处于起步阶段。为了发展牧草干草加工，并使之产业化，应当充分地借鉴引进和利用发达国家成熟的牧草收获及牧草产品加工技术。所以，应该大力进行干饲草的加工与贮藏。

（一）牧草的主要干燥方法

1. 地面干燥方法 这是被广泛应用的晒制干草的方法。牧草收割后，就地晾晒 5～6 小时，使之凋萎，用搂草机搂成松散的双行草垄，再干燥 6～7 小时，含水量为 35%～40%，用集草器集成小堆或打捆机打成草捆。集成小堆的草视情况干燥 1～2 天，可晒成含水量 15%～18% 的干草。

2. 草架干燥方法 栽培牧草，特别是豆科牧草植株高大、含水量高，不易地面干燥，采用草架干燥。用草架干燥，可先在地面干燥 4～10 小时，含水量降至 40%～50% 时，然后自下而上逐渐堆放。草架干燥方法虽然要花费一定经费建造草架，人工也要多用一些，但能减少雨淋的损失、通风好、干燥快而简易，能获得较好的青干草，营养损失也少。特别在湿润地区，适宜推广应用这种方法。

3. 使用化学制剂加速干燥方法 近年来，国内外研究用化学制剂加速豆科牧草的干燥速度，应用较多的有碳酸钾、碳酸钾加长链脂肪酸的混合液、碳酸氢钠等。其原理是这些化学物质能破坏植物体表面的蜡质层结构，促进植物体内的水分蒸发，加快牧草干燥速度，减少豆科牧草叶面脱落，从而减少了蛋白质、胡萝卜素和其他维生素的损失，但成本要增加一些。适宜在大型草场进行。

（二）牧草含水量的掌握

除用仪器测定外，在生产中常用感观法测定牧草的含水量。

1. 含水量在 50％以下的牧草

（1）禾本科牧草。晾晒后，茎叶由鲜绿变成深绿色，叶片成筒状，茎保持新鲜，取一束草用力拧挤，成绳状，不出水，此时含水量为 40％～50％。

（2）豆科牧草。叶片皱缩呈深绿色，叶柄易断，茎下部叶片易脱落，茎的表皮能用手指甲刮下，这时的含水量为 50％左右。

2. 含水量在 25％左右的牧草 禾本科牧草用手揉搓时，不发出沙沙响声，拧成草绳，不易折断；豆科牧草用手摇草束，叶片有沙沙响声、脱落，拧成草绳，不易折断。

3. 含水量在 18％左右的牧草 禾本科牧草揉搓草束发出沙沙声，叶卷曲，茎不易折断；豆科牧草叶、嫩枝易折断，弯曲茎易断裂，不易用手指甲刮下表皮。

4. 含水量在 15％左右的牧草 禾本科牧草用手揉搓发出沙沙声，茎秆易断，拧不成草鞯；豆科牧草叶片大部分脱落，茎秆易断，发出清脆的断裂声。

（三）牧草的干草调制机械

牧干草田间的基本调制方法是成条干燥和摊撒干燥。主要作业内容为摊行、翻草、搂条、翻条、摊条和并条等。当饲草水分低于 35％时，不宜地面摊晒，以减少破碎失落损失。湿度较大的禾本科牧草，宜于地面摊晒，而豆科牧草宜成条摊晒。摊晒最高湿度饲料草的机具，应有压扁或弯折部件。搂草机具要求搂集干净、漏搂率低，草条连续、强度均匀、便于捡拾，草条蓬松、便于干燥，机具调节适当，饲草受泥土污染轻、含杂物少。

干草调制机械按动力来源划分为人力、畜力和动力 3 种。按作业项目分为摊晒机械和搂草机械。摊晒机械中又分为摊行机、翻草机和摊条机。搂草机又分为横向搂草机和侧向搂草机。

(四) 捡拾压捆机械

随着市场经济和规模饲养业的发展，干草作为商品参与市场流通，运输和贮存都需要加工打捆。所以，近年来干草捡拾压捆机械发展很快、机型繁多，作业性能也存在差异。但必须具备以下基本要求：捡拾草条干净，遗漏率低；草捆加密适宜，不发生霉度；草捆成层压缩，开捆后易散开；捆结可靠，装卸和运输中不散捆；作业经济指标良好。

1. 草捆的有关参数　各种捡拾压捆机由于成捆原理、构造和主要工作部件等的不同，因而压成草捆的形状、密度和大小等都不一样。草捆的有关参数对采用什么装载运输机械、贮存设备和饲喂机械等，都有密切关系（表 4 - 2）。如机具选择不当，将直接影响整个收获工艺的经济性。

表 4 - 2　各种草捆的主要参数

项　目	小方草捆		大　草　捆		
	一般压缩	高压	一般压缩	一般压缩	高压
密度	80~130	最大 200	80~120	50~100	125~175
形状	方形	方形	圆柱形	方形	方形
最大截面（厘米）	42.5×55	42.5×55	直径 150~180	150×150	118×127
长度（厘米）	50~120	50~120	120~168	210~240	250
重量（千克）	8~25	最大 50	300~500	300~500	500~600

2. 捡拾压捆机的分类　草捆密度每立方米 50~80 千克为低压型，80 千克以上为高压型。

（1）摆动活塞式捡拾压捆机。此机也称摆锤式捡拾压捆机。

适合装在联合收割机上，直接打成草捆装车或抛放田间。草捆长度 60～120 厘米，1～2 道捆绳，草捆接近正方形。该机制成的草捆密度较低，震动和噪声较大，故目前使用较少。

（2）往复活塞式捡拾压捆机。该机国外已有近百年的发展历史，是一种结构完善、性能可靠的压捆机具。9KJ—147 捡拾压捆机属于小型机具，实际生产率为 5～7 吨/小时，工作速度 5 千米/小时，功率消耗约 11.76 千瓦，与 14.7～18.4 千瓦的拖拉机配套使用。打成的草捆重量不超过 20 千克，既可机械化处理，也可人工搬运。它适用于饲草收获，也可与割晒机、联合收割机配套作业，是一种适应性较强的压捆机具。

（3）圆捆机。国内外市场上的圆捆机有 5 种类型，其中有 3 种是由外向内成捆，草捆内松外紧，易于风干，另外两种均属地面成捆机具。

3. 捡拾压捆机对不同收获物的适应性 各种捡拾压捆机具有由于结构原理、成捆过程等各不相同，对不同收获物的适应性有明显差异（表 4-3）。

表 4-3 捡拾压捆机对收获物的适应性

收获物适应情况机具型式	稻麦秸秆	风干牧草（湿度22%）	二茬草（湿度22%）	禾本科牧草（湿度50%～60%）	玉米秸（湿度50%～60%）	青草	块根作物茎叶
小方捆往复式	良好	良好	良好	勉强	一般	不适用	不适用
短皮带卷捆机	良好	良好	良好	勉强	一般	勉强	勉强
钢辊式卷捆机	良好	良好	良好	勉强	一般	勉强	勉强
长皮带卷捆机	良好	一般	勉强	不适用	一般	不适用	不适用
链杆式卷捆机	良好	一般	一般	一般	一般	勉强	勉强
地面成捆式	勉强	勉强	一般	不适用	勉强	不适用	不适用
大方捆机	良好	良好	良好	不适用	不适用	不适用	不适用

（五）干饲草的贮藏

干燥适度的干饲草，应该及时进行合理的贮藏。能否安全合理的贮藏，是影响青干草质量的又一管重要环节。已经干燥而未及时贮藏或贮藏方法不当，都会降低干饲草的价值，甚至引起火灾等严重事故。

在干饲草贮藏过程中，由于贮藏方法、设备条件不同，营养物质的损失有明显的差异。例如，散干草露天堆藏，营养损失常达20%～40%，胡萝卜素损失高达50%以上。即使正确堆垛，由于受自然降水等外界条件的影响，经9个月的贮藏后，垛顶、垛周围及垛底的变质或霉烂的草层厚度常达3%～5%，胡萝卜素损失为20%～30%。高密度的草捆贮藏，营养物质损失一般在1%左右，胡萝卜素损失为10%～20%。

1. 散干草的堆藏　当青干草的水分降到15%～18%时即可进行堆藏。但若采用常鼓风干燥，牧草水分达到50%以下，可堆藏于草棚或草库内，进行吹风干燥。

（1）露天堆藏。散干草堆垛的形式有长方形、圆形等。此法虽经济简便，但易遭雨淋、日晒、风吹等不良条件的影响，使青干草褪色，不仅损失养分，还可能霉烂变质。因此，堆垛时应尽量压紧，加大密度，缩小与外界环境的接触面，垛顶用塑料薄膜覆盖，以减少损失。

垛址应注意选择地势平坦高燥、排水良好、背风和取用方便的地方。堆草垛时应遵守下列规则：①压紧。堆垛时中间必须尽力踏实，四周边缘要整齐，中央比四周高。②堆垛。含水量较高的青干草，应当堆在草垛的上部，过湿或成团的干草应挑出。③收顶。湿润地区应从草垛高度的1/2处开始，干旱地区从2/3处开始。从垛底到收顶应逐渐放宽1米左右（每侧加宽 0.5 米）。④连续作业。一个草垛不能拖延或中断几天，最好当天完成。

（2）草棚堆藏。气候湿润或较好的牧场应建造简单的干草棚，可大大减少青干草的营养损失。例如，苜蓿干草分别在露天和草棚内贮藏，8 个月后，干物质损失分别为 25% 和 10%。草棚贮藏干草时，应使棚顶与干草保持一定的距离，以便通风散热。

2. 压捆青干草的贮藏 散干草体积大，贮运不方便。为了便于贮运，使损失减至最低限度并保持干草的优良品质，生产中常把青干草压缩成长方形或圆形的草捆，然后贮藏。

（1）压捆干草的优点。①草捆密度大，运输贮藏经济。经压缩打捆的干草一般可节省劳力 1/2，而且在积草装卸过程中，叶片、嫩枝及细碎部分也不会损失。②减少外界条件的不良影响。高密度草捆可缩小与日光、空气、风和雨等外界条件的接触面积，从而减少营养物质，特别是胡萝卜素的损失，且不易发生火灾。③在青干草含水量较高时，即可打捆堆垛，从而缩短了晾晒时间。但是，垛间应设置通风道，以利于继续风干。一般禾本科牧草含水量在 25% 以下、豆科牧草在 20% 以下即可打捆贮藏。④减少饲喂的损失，压捆干草便于自由采食，并能提高采食量。⑤有利于机械化操作。

（2）捆草机械。目前，国内外捆草机的种类、型号较多，主要有以下两种类型：

①捡拾捆草机。在田间捡拾干草条，压制成高密度方草捆。我国东北地区应用较广泛。②固定式高密度捆草机。固定作业，人工从喂入口喂草，将牧草或作物秸秆压制成高密度草捆。如内蒙古农机局等单位研制的 9KG—350 型高密度捆草机，生产率为 1.5 吨/小时，草捆 350 千克/米³，草捆尺寸为 360 毫米×460 毫

米×（600～800）毫米。

（3）压捆干草堆垛。草捆垛的大小，一般长 20 米、宽 5～6 米、高 18～20 层干草捆，每层布设 25～30 厘米³ 的通风道，其数目根据青干草含水量与草捆垛的大小而定。

四、牧草的深度加工成型技术

牧草除了可以打捆贮藏外，还可以进行深度加工利用，草粉、草块和草颗粒也称草产品。草产品在国外已形成了庞大的产业系统，为畜牧业生产提供优质产品，促进了畜牧业的发展。

由优质干草制成草粉，由草粉压制草块、草颗粒，也有将优质鲜牧草收割后，经人工快速干燥，粉碎制成草块、草颗粒，或将鲜草直接压成草块、草颗粒，再人工烘干。这种草产品质量干燥的草产品，总的营养物质损失仅 2%～3%，胡萝卜素的损失也在 1% 以下，是值得大力推广的一种生产方式。

草产品在世界各国发展很快，美国每年用于配合饲料的草粉达 200 万～300 万吨，日本每年需用 220 吨，中国每年需要草产品在 1 000 万吨以上，韩国及东南亚地区的需求也在增加。我国草产品生产刚刚开始，在配合饲料中，草粉占的比例很小。有的饲料加工厂需要优质草粉，但受生产条件限制，特别是烘干设备、原料的运输，还不可能很好衔接。但我国饲草资源丰富，富含蛋白质的牧草很多，很适宜加工制成草粉、草块。目前，东北地区以及内蒙古、新疆、河北、山东等省、自治区已建立了饲草生产基地，并建立了草粉加工厂。随着草业的产业化发展，草产品生产必将快速发展起来。

目前开发的牧草产品有牧草草粉产品、苜蓿草颗粒产品、高温快速烘干草捆、牧草压块产品和高温快速烘干草捆。

（一）草粉生产

草粉多是豆科牧草，如苜蓿、三叶草、沙打旺和红豆草等，在牧草蛋白质最高、产量也最好的时期收割。收割后，最好用人工的干燥方法。

快速人工干燥是将切碎的牧草放入烘干机中，通过高温空气，使牧草迅速脱水，时间依机械型号而异，从几小时到几十分钟，使牧草的含水量由 80％ 迅速降到 15％ 以下。烘干机有气流管道式和气流滚筒式两种类型。

（二）草块与草颗粒生产

为了饲喂方便，减少草粉在运输过程中的损失，也便于贮藏，生产中常把草粉压制成草块、草颗粒。在压制过程中，还可以加入抗氧化剂，使草块、草颗粒更耐贮藏，营养损失更少。

（三）干草压块

利用固定作业式压块机。用内蒙古农牧学院等研制的 9KU—650 型干草压块机和河北省石家庄市金达机械厂研制的 9DJ—1500 型成套牧草压块设备，将干草切成长 3～5 厘米，送入输送机，由输送搅龙搅拌，送入喂入装置，将物料连续、均匀输入主机压块室内，经内摩擦力及压力作用，将划粉压成方形草棒或草块，再由安装在机壳上的切刀切成适当长度的草块。草块规格为 30 毫米×30 毫米×40 毫米，密度为 0.6～1.0 克/厘米^3，1 小时加工豆科牧草 1～1.5 吨；禾本科牧草 0.5～1.0 吨。

还有以新鲜牧草为原料，与有关机具配套作业的移动式烘干压饼机。它是由高温干燥机、压饼机、发动机、热发生器和燃料箱组成。该机作业的流程是：先将草切成 2～5 厘米的碎段，输入到干燥筒，烘干水分由 75％～85％降到 12％～15％，再进入压饼机，压成 55～65 毫米，厚约 10 米的草块。在作业时，还可根据饲料的需要加入尿素、矿物质、微量元素及其他添加剂。

（四）饲料砖

把用于牛、羊补充蛋白质饲料、矿物质放入草粉中，加入适量的玉米粉，压制成砖块状，供牛、羊舔食。可以对牛、羊的冬季、早春饲料不足时补充营养用，可促进牲畜的生长发育，对母畜产仔泌乳都有好处。生产上应用的种类很多，可以根据畜种灵活掌握，常用的有：

1. 尿素盐砖　以尿素、矿物元素、精料、食盐、黏合剂（糖密渣）及维生素为主，混入草粉中压制而成。

2. 盐砖　以盐为主，加入玉米粉、尿素和微量元素混入草粉中制成。

（五）干饲草产品调制机械

1. 粉碎机种类　粉碎机在农牧业生产上和铡草机具有同样的普遍性和重要性。粉碎机型号、功率的种类繁多。饲料粉碎主要有击碎、磨碎、压碎和锯切碎 4 种。击碎适用于硬而脆的谷物饲料，锯切碎适用于大块的脆性饲料，磨碎和压碎适用于韧性饲料。

目前各地生产的粉碎机，往往是几种方法同时使用。有锤片式、劲锤式、爪式和对辊式 4 种。粉碎秸秆饲料适用锤片式粉碎机，对辊式粉碎机是由一对上转方向相反、转速不等的带有刀盘的齿辊进行粉碎，主要用于粉碎饼粕饲料。

（1）锤片式粉碎机。利用高速旋转的锤片击碎饲料。按其结构可分为切向进料式和轴向进料式。前者是由喂料部分、粉碎室和集料三部分构成。喂料部分包括喂料斗和挡板；粉碎室包括转盘、锤片、齿板和筛片等部件；集料部分包括风机、输料管和集粉筒等。锤片式粉碎机的特点是生产率高、适应性广、粉碎粒度好，既能粉碎谷物精饲料，又能粉碎青粗和秸秆饲料，但动力消耗较大。

（2）劲锤式粉碎机。其结构与锤片式类似，不同之处在于它的锤片不是连接在转盘上，而是固定安装在转盘上。因此，它的粉碎能力较强。

（3）爪式粉碎机。利用固定在转子上的齿爪将饲料击碎。这种粉碎机具有结构紧凑、体积小和重量轻等特点，适用于含纤维较少的精饲料。该机是由进料、粉碎及出料三部分构成。进料部分包括喂料斗、进料控制插门和喂入管；粉碎部分包括动齿盘、定齿盘、环筛等，动齿盘和定齿盘上安有相间排列的齿爪；出料部分为机体下部的出料管。工作时，饲料由喂料斗经插门流入粉碎室，受到齿爪的打击、碰撞、剪切和搓擦作用，逐渐碎成细粉。同时，由于高速旋转的动齿盘形成的气流，使细粉通过筛圈被吹出。

2. 影响粉碎机作业效率的因素

（1）被粉碎饲料的种类。粉碎饲料的种类不同，作业效率也不同，一般谷物饲料偏高、秸秆饲料较低。例如，筛眼直径1.2毫米，在饲料含水率小于15％的情况下，不同饲料的度电产量[千克/（千瓦·小时）]为：玉米、高粱45～60，谷壳17～22，甘薯藤12～16，玉米秸8～12，高粱秸7～12，豆秸6～10。

（2）饲料含水率。饲料含水率越高，粉碎的生产率和度电产量越低。一般要求粉碎时饲料含水率为15％。

（3）主轴的转速。每一型号的粉碎机在粉碎某一类饲料时，都有适宜的转速。在此转速时，作业耗电少、生产率高。如锤片粉碎机的线速度为 70～90 米/秒。

（4）喂入量要适当。喂量过大，易造成堵塞；喂量过小，动力不能充分发挥、效率低。所以，喂量一定要均匀、适当、不间断。

3. 压粒机　干草经粉碎后，添加精料和其他营养成分，配合成全价饲料，经压料机制成颗粒饲料。颗粒饲料具有营养完全、适口性好、牲畜采食量大、采食速度快和饲料利用率高等优点。其整套设备包括压粒机、蒸汽锅炉、油脂和糖蜜添加装置、冷却装置、碎粒去除和筛粉装置等。压粒机有两种：平模压粒机和环模压粒机。

（1）平模压粒机。它是由螺旋送料器、变速箱、搅拌器和压粒器等组成。螺旋送料器主要用表控制喂料量，其转速可调。搅拌器位于送料器下方，在其侧壁上开有小孔，以便把蒸汽导入，使粉状饲料加热、熟化，然后送入压粒器。压粒器内装有 2～4 个压辊和 1 个多孔平面板。工作时，平模板以 210 转/分的速度旋转。熟化后饲料落入压粒器内，即被匀料板铺平在平模板上，因受压辊的挤压作用，穿过模板上圆孔，形成圆柱形，再被平板下面的切刀切成 10～20 毫米的颗粒。平模板孔径有 4 毫米、6 毫米、8 毫米多种规格，压辊直径为 160～180 毫米。

（2）环模压粒机。环模压粒机是应用最广的机型，它是由螺旋送料器、搅拌器和传动机构等组成。螺旋推进器用于控制进入压粒机的粉料量，其供料数量应能随压粒负荷进行调节，一般多采用无级变速，调节范围为 0～150 转/分。搅拌室的侧壁开有蒸汽导入孔，粉料进到搅拌室后，与高压过饱和蒸汽相混合，有时还加入一些油脂和糖蜜或其他添加剂。搅拌完的饲料进入压粒器内。压粒器由环模和压辊组成。作业时环模转动，带动压辊旋转，于是压辊不断将粉料挤入模具的模孔中，压实成圆柱形，从孔内挤出后随环模旋转，与切刀相遇后被切成颗粒。孔径大小是根据饲喂牲畜的需要而定。

4. 压块设备　干草经过粉碎、添加精料及其他矿物元素，然后压制成草块，以提高饲料的营养价值、采食量和消化率。草块密度增加，便于贮存、运输和进入市场流通。压块机压制出的颗粒比较大，一般为25毫米×25毫米或30毫米×30毫米的方形草块以及直径8～30毫米的圆柱草块。草块密度为0.6～1.0克/厘米^3，生产率为300～600千克/小时，配套37千瓦。成套设备装机容量为62.5千瓦。

压块设备的工艺流程为：秸秆、干草等饲料喂入粉碎机，粉碎到适当的粒度，则由筛孔大小来控制。粉碎后的物料风送至沙克龙，经沙克龙集料至缓冲仓，缓冲仓内物料由螺旋输送机排至定量输送机。由定量输送机、化学剂添加装置和精料添加装置完成配料作业，主料由定量输送机输送。精料由精料装置输送，二者间的配比调节，是在机器开动后同时接取各自的输送物料，使其重量达到配方要求而完成。配合后的物料进入连续混合机，同时加入适量的水和蒸汽，混合均匀后进入压块机压成草块，再通过倾斜输送机将草块提升到卧式冷却器内，冷却后进行包装。

（六）田间烘干压块成套设备

田间烘干压块成套设备包括割草、捡拾装载、运输和烘干压块机等，以烘干草块机为主要机具。这种成套机械可烘干压制不经调制的青草为高能草块。

田间烘干压块的主要优点是：能使草的养分损失减少到最低限度，获得高质量的草块。在田间自然干燥调制干草的过程中，养分损失一般为35％～40％，而田间烘干压块不需要进行干草调制，因而避免了气候条件对收获作业的影响，而且对草的品种和含水量都没有什么特殊要求。因而地区适应性广，特别适于饲草含水率高、多雨和空气湿度大的地区。虽然有上述许多优点，但烘干压块燃料费用较高，推广应用中有一定的局限性。

田间烘干压块机适应于我国南方多雨地区，主要由料仓、烘干系统、压块机和草块冷却运输装置等部分构成。配套机具为拖拉机、割草机和带捡拾切碎器的装载车组成的供草机组、草块拖车和油罐小车等。其作业半径为 2 千米，当 2 千米半径的牧草收完后，即转移地段。

第三节　青贮饲料加工技术

青贮饲料是指将新鲜的青饲料切短装入密封容器里，经过微生物发酵作用，制成一种具有特殊芳香气味、营养丰富的多汁饲料。它能够长期保存青绿多汁饲料的特性，扩大饲料资源，保证家畜均衡供应青绿多汁饲料。青贮饲料具有气味酸香、柔软多汁、颜色黄绿和适口性好等优点。

青贮饲料在各国畜牧生产中普遍推广应用，特别是在奶牛饲喂上更是重要的青绿多汁饲料。目前，青贮制作技术和以往相比有较大程度的改进，在青贮方法上推广采用低水分青贮，添加添加剂、糖蜜和谷物等特种青贮法，提高青贮效果，改进了青贮饲料的品质。青贮设备向大型密闭式的青贮塔发展，青贮塔用防腐防锈钢板制成，装料与取料已实行机械化。青贮原料由农作物的秸秆发展到专门建立饲料地、种植青贮原料，特别是种植青贮玉米，使青贮饲料的数量和质量有较大提高。生产实践证明，饲料青贮是调剂青绿饲料歉丰、以旺养淡、以余补缺、合理利用青饲料的一项有效方法。

一、青贮技术原理及特点

(一) 青贮技术原理

青贮就是利用青绿饲料中存在的乳酸菌，在厌氧条件下对饲料进行发酵，使饲料中的部分糖源转变为乳酸，使青贮料的 pH 降到 4.2 以下，以抑制其他好氧微生物如霉菌、腐败菌等的繁殖生长，从而达到长期贮存青饲料的目的。青贮发酵的机理是一个复杂的微生物活动和生物化学的变化过程。青贮料成败的关键，是能否满足乳酸菌生长繁殖的 3 个条件：无氧环境、原料中足够的糖分，再加上适宜的含水量，三者缺一不可。为保证无氧环境，青料收割后，应尽可能在短时期内切短、装窖、压实和封严，这是保持低温和创造厌氧的先决条件。切短是便于压实，压实是为了排除空气，密封是隔绝空气。否则，如有空气就会使植物细胞继续持续呼吸，窖温升高，不仅有利于杂菌繁殖，也引起营养物质大量损失。为保证乳酸菌的大量繁殖，必须有适当的含糖量。

1. 青贮时各种微生物及其作用 刚刈割的青饲料中，带有各种细菌、霉菌和酵母等微生物，其中腐败菌最多，乳酸菌很少（表 4 - 4）。

表 4 - 4   每克新鲜饲料上微生物的数量

饲料种类	腐败菌 （×10^6）	乳酸菌 （×10^3）	酵母菌 （×10^3）	酪酸菌 （×10^3）
草地青草	12.0	8.0	5.0	1.0
野豌豆燕麦混播	11.9	1 173.0	189.0	6.0
三叶草	8.0	10.0	5.0	1.0
甜菜茎叶	30.0	10.0	10.0	1.0
玉米	42.0	170.0	500.0	1.0

资料来源：引自王成章主编《饲料生产学》（1998）。

由表4-4看出，新鲜青饲料上腐败菌的数量远远超过乳酸菌的数量。青饲料如不及时青贮，在田间堆放2～3天后，腐败菌大量繁殖，每克青饲料中往往在数亿以上。因此，为促使青贮过程中有益乳酸菌的正常繁殖活动，必须了解各种微生物的活动规律和对环境的要求（表4-5），以便采取措施，抑制各种不利于青贮的微生物活动，消除一切妨碍乳酸形成的条件，创造有益于青贮的乳酸菌活动的最适宜环境。

表4-5　几种微生物要求的条件

微生物种类	氧气	温度（℃）	pH
乳酸链球菌	±	25～35	4.2～8.6
乳酸杆菌	—	15～25	3.0～8.6
枯草菌	+	—	—
马铃薯菌	+	—	7.5～8.5
变形菌	+	—	6.2～6.8
酵母菌	+	—	4.4～7.8
酪酸菌	—	35～40	4.7～8.3
醋酸菌	+	15～35	3.5～6.5
霉菌	+	—	—

资料来源：引自王成章主编《饲料生产学》（1998）。

（1）乳酸菌。乳酸菌种类很多，其中对青贮有益的，主要是乳酸链球菌、德氏乳酸杆菌。它们均为同质发酵的乳酸菌，发酵后只产生乳酸。此外，还有许多异质发酵的乳酸菌，除产生乳酸外，还产生大量的乙醇、醋酸、甘油和二氧化碳等。乳酸链球菌属兼性厌氧菌，在有氧或无氧条件下均能生长繁殖，耐酸能力较低，青贮饲料中酸量达0.5％～0.8％、pH在4.2时即停止活动。乳酸杆菌为厌氧菌，只在厌氧条件下生长和繁殖，耐酸力强，青贮料中酸量达 1.5%～2.4%，pH 为 3 时才停止活动，各类乳酸菌在含有适量的水分和碳水化合物、缺氧环境条件下，生长繁殖快，可使单糖和双糖分解生成大量乳酸。

$$C_6H_{12}O_6 \rightarrow 2CH_3CHOHCOOH$$

$$C_{12}H_{22}O_{11} + H_2O \rightarrow 4CH_3CHOHCOOH$$

上述反应中，每摩尔六碳糖含能 2 832.6 千焦，生成乳酸仍含能 2 748 千焦，仅减少 84.6 千焦，损失不到 3%。

五碳糖经乳酸发酵，在形成乳酸的同时，还产生其他酸类，如丙酸、琥珀酸等。

$$C_5H_{10}O_5 \rightarrow CH_3CHOHCOOH + CH_3COOH$$

根据乳酸菌对温度要求不同，可分为好冷性乳酸菌和好热性乳酸菌两类。好冷性乳酸菌在 25～35 ℃温度条件下繁殖最快，正常青贮时，主要是好冷性乳酸菌活动。好热性乳酸菌发酵结果，可使温度达到 52～54 ℃，如超过这个温度，则意味着还有其他好气性腐败菌等微生物参与发酵。高温青贮养分损失大，青贮饲料品质差，应当避免。

乳酸的大量形成，一方面为乳酸菌本身生长繁殖创造了条件，另一方面产生的乳酸使其他微生物如腐败菌、酪酸菌等死亡。乳酸积累的结果使酸度增强，乳酸菌自身也受抑制而停止活动。在良好的青贮饲料中，乳酸含量一般占青饲料重的 1%～2%，pH 下降到 4.2 以下时，只有少量的乳酸菌存在。

（2）酪酸菌（丁酸菌）。它是一种厌氧、不耐酸的有害细菌，主要有丁酸梭菌、蚀果胶梭菌和巴氏固氮梭菌等。它在 pH 4.7 以下时不能繁殖，原料上本来不多，只在温度较高时才能繁殖。酪酸菌活动的结果，使葡萄糖和乳酸分解产生具有挥发性臭味的丁酸，也能将蛋白质分解为挥发性脂肪酸，使原料发臭变黏。

当青贮饲料中丁酸含量达到万分之几时，即影响青贮料的品质。青贮原料幼嫩、碳水化合物含量不足、含水量过高及装压过紧，均易促使酪酸菌活动和大量繁殖。

（3）腐败菌。凡能强烈分解蛋白质的细菌统称为腐败菌。此类细菌很多，有嗜高温的，也有嗜中温或低温的。有好氧的如枯草杆菌、马铃薯杆菌，有厌氧的如腐败梭菌和兼性厌氧菌如普通变形杆菌。它们能使蛋白质、脂肪和碳水化合物等分解产生氨、硫化氢、二氧化碳、甲烷和氢气等，使青贮原料变臭变苦，养分损失大，不能饲喂家畜，导致青贮失败。不过腐败菌只在青贮料装压不紧、残存空气较多或密封不好时才大量繁殖；在正常青贮条件下，当乳酸逐渐形成、pH下降、氧气耗尽后，腐败细菌活动即迅速抑制，以至死亡。

（4）酵母菌。酵母菌是好气性菌，喜潮湿，不耐酸。在青饲料切碎尚未装贮完毕之前，酵母菌只在青贮原料表层繁殖，分解可溶性糖，产生乙醇及其他芳香类物质。待封窖后，空气越来越少，其作用随即减弱。在正常青贮条件下，青贮料装压较紧，原料间残存氧气少，酵母菌活动时间短，所产生的少量乙醇等芳香物质，使青贮具有特殊气味。

（5）醋酸菌。它属好气性菌。在青贮初期有空气存在的条件下，可大量繁殖。酵母或乳酸发酵产生的乙醇，再经醋酸发酵产生醋酸。醋酸产生的结果可抑制各种有害不耐酸的微生物如腐败菌、霉菌、酪酸菌的活动与繁殖。但在不正常情况下，青贮窖内氧气残存过多，醋酸产生过多，因醋酸有刺鼻气味，影响家畜的适口性并使饲料品质降低。

（6）霉菌。它是导致青贮变质的主要好气性微生物，通常仅存在于青贮饲料的表层或边缘等易接触空气的部分。在正常青贮情况下，霉菌仅生存于青贮初期，在酸性环境和厌氧条件下，足以抑制霉菌的生长。霉菌破坏有机物质，分解蛋白质产生氨，使青贮料发霉变质并产生酸败味，降低其品质，甚至失去饲用价值。

2. 青贮发酵过程 一般青贮的发酵过程可分为 3 个阶段，即好气性菌活动阶段、乳酸发酵阶段和青贮稳定阶段。

（1）好气性菌活动阶段。新鲜青贮原料在青贮容器中压实密封后，植物细胞并未立即死亡，在 1～3 天仍进行呼吸作用，分解有机物质，直至青贮饲料内氧气消耗尽，呈厌氧状态时才停止呼吸。

在青贮开始时，附着在原料上的酵母菌、腐败菌、霉菌和醋酸菌等好气性微生物，利用植物细胞因受机械压榨而排出的富含可溶性碳水化合物的液汁，迅速进行繁殖。腐败菌、霉菌等繁殖最为强烈，它使青贮料中蛋白质破坏，形成大量吲哚和气体以及少量醋酸等。好气性微生物活动结果以及植物细胞的呼吸，使得青贮原料间存在的少量氧气很快殆尽，形成厌氧环境。另外，植物细胞呼吸作用、酶氧化作用及微生物的活动还放出热量。厌氧和温暖的环境为乳酸菌发酵创造了条件。

如果青贮原料中氧气过多，植物呼吸时间过长，好气性微生物活动旺盛，会使原料内温度升高，有时高达 60 ℃左右，因而削弱乳酸菌与其他微生物竞争能力，使青贮饲料营养成分损失过多，青贮饲料品质下降。因此，青贮技术关键是尽可能缩短第一阶段时间，通过及时青贮和切短压紧密封好来减少呼吸作用和好气性有害微生物繁殖，以减少养分损失，提高青贮饲料质量。

（2）乳酸菌发酵阶段。厌氧条件及青贮原料中的其他条件形成后，乳酸菌迅速繁殖，形成大量乳酸。酸度增大，pH 下降，促使腐败菌、酪酸菌等活动受抑停止，甚至绝迹。当 pH 下降到 4.2 以下时，各种有害微生物都不能生存，就连乳酸链球菌的活动也受到抑制，只有乳酸杆菌存在。当 pH 为 3 时，乳酸杆菌也停止活动，乳酸发酵即基本结束。

一般情况下，糖分适宜原料发酵 5～7 天，微生物总数达高峰，其中以乳酸菌为主。玉米青贮过程中，各种微生物的变化情况如表 4-6 所示。从表 4-6 中可以看出，玉米青贮后半天，乳酸菌数量即达到最高峰，每克饲料中达 16.0 亿。第四天时下降到 8.0 亿，pH 达 4.5，而其他微生物则已全部停止繁殖而绝迹。因此，玉米青贮发酵过程比豆科牧草快，青贮品质也好，是最优良的青贮作物。

表 4-6　玉米青贮发酵过程中各种微生物数量的变化

青贮日数	每克饲料中细菌数量（×10⁴）			pH
	乳酸菌	大肠好气性菌	酪酸菌	
开始	甚少	0.03	0.01	5.9
0.5	160 000.0	0.025	0.01	—
4	80 000.0	0	0	4.5
8	17 000.0	0	0	4.0
20	380.0	0	0	4.0

资料来源：引自王成章主编《饲料生产学》（1998）。

（3）青贮稳定阶段。在此阶段，青贮饲料内各种微生物停止活动，只有少量乳酸菌存在，营养物质不会再损失。在一般情况下，糖分含量较高的玉米、高粱等青贮后 20～30 天就可以进入稳定阶段，豆科牧草需 3 个月以上。若密封条件良好，青贮饲料可长久保存下去。

3. 调制优良青贮料应具备的条件　在制作青贮饲料时，要使乳酸菌快速生长和繁殖，必须为乳酸菌创造良好的条件。有利于乳酸菌生长繁殖的条件是青贮原料应具有一定的含糖量、适宜的含水量以及厌氧环境。

（1）青贮原料应有适当的含糖量。乳酸菌要产生足够数量的乳酸，必须有足够数量的可溶性糖分。若原料中可溶性糖分很少，即使其他条件都具备，也不能制成优质青贮料。青贮原料中的蛋白质及碱性元素会中和一部分乳酸，只有当青贮原料中 pH 为 4.2 时，才可抑制微生物活动。因此，乳酸菌形成乳酸使 pH 达 4.2 时所需要的原料含糖量是十分重要的条件，通常把它叫作最低需要含糖量。原料中实际含糖量大于最低需要含糖量，即为正青贮糖差；相反，原料实际含糖量小于最低需要含糖量时，即为负青贮糖差。凡是青贮原料为正青贮糖差就容易青贮，且正数越大越易青贮；凡是原料为负青贮糖差就难于青贮，且差值越大，则越不易青贮。

最低需要含糖量是根据饲料的缓冲度计算，即：

饲料最低需要含糖量（％）＝饲料缓冲度×1.7

饲料缓冲度是中和每 100 克全干饲料中的碱性元素，并使 pH 降低到 4.2 时所需的乳酸克数。因青贮发酵消耗的葡萄糖只有 60％变为乳酸，所以得 100/60＝1.7 的系数，也即形成 1 克乳酸需葡萄糖 1.7 克。

例如，玉米每 100 克干物质需 2.91 克乳酸，才能克服其中碱性元素和蛋白质等的缓冲作用，使其 pH 降低到 4.2。因此，2.91 是玉米的缓冲度，最低需要含糖量为 2.91％×1.7＝4.95％。玉米的实际含糖量是 26.80％，青贮糖差为 21.85％。

紫花苜蓿的缓冲度是 5.58％，最低需要含糖量为 5.58％×1.7＝9.50％，因紫花苜蓿中的实际含糖量只有 3.72％，所以青贮糖差为－5.78％。豆科牧草青贮时，由于原料中含糖量低，乳酸菌不能正常大量繁殖，产乳酸量少，pH 不能降到 4.2 以下，会使腐败菌、酪酸菌等大量繁殖，导致青贮料腐败发臭、品质降低。因此，要调制优良的青贮料，青贮原料中必须含有适当的糖量。一些青贮原料干物质中含糖量见表4-7。

表4-7 一些青贮原料中干物质中含糖量

易于青贮原料			不易青贮原料		
饲料	青贮后pH	含糖量（%）	饲料	青贮后pH	含糖量（%）
玉米植株	3.5	26.8	紫花苜蓿	6.0	3.72
高粱植株	4.2	20.6	草木樨	6.6	4.5
菊芋植株	4.1	19.1	箭舌豌豆	5.8	3.62
向日葵植株	3.9	10.9	马铃薯茎叶	5.4	8.53
胡萝卜茎叶	4.2	16.8	黄瓜蔓	5.5	6.76
饲用甘蓝	3.9	24.9	西瓜蔓	6.5	7.38
芜菁	3.8	15.3	南瓜蔓	7.8	7.03

资料来源：引自王成章主编《饲料生产学》（1998）。

一般来说，禾本科饲料作物和牧草含糖量高，容易青贮；豆科饲料作物和牧草含糖量低，不易青贮。易于青贮的原料有玉米、高粱、禾本科牧草、甘薯藤、南瓜、菊芋、向日葵、芜菁和甘蓝等。不易青贮的原料有苜蓿、三叶草、草木樨、大豆、豌豆、紫云英和马铃薯茎叶等，只有与其他易于青贮的原料混贮或添加富含碳水化合物的饲料，或加酸青贮才能成功。

（2）青贮原料应有适宜的含水量。青贮原料中含有适量水分，是保证乳酸菌正常活动的重要条件。水分含量过高或过低，均会影响青贮发酵过程和青贮饲料的品质。如水分过低，青贮时难以踩紧压实，窖内留有较多空气，造成好气性菌大量繁殖，使饲料发霉腐败。水分过多时易压实结块，利于酪酸菌的活动。同时，植物细胞液汁被挤后流失，使养分损失（表4-8）。

表 4-8　青贮原料含水量与排汁量、干物质损失的关系

原料含水量（%）	干物质含量（%）	每 100 千克青贮原料中		排汁中干物质损失（%）
		排汁量（千克）	排汁中干物质量（千克）	
84.5	15.5	21.0	1.05	6.7
82.5	17.5	13.0	0.65	3.7
80.0	20.0	6.0	0.30	1.5
78.0	22.0	4.0	0.20	0.9
75.0	25.0	1.0	0.05	0.2
70.0	30.0	0	0	0

从表 4-8 可以看出，青贮原料中含水量为 84.5% 时，排汁中损失的干物质占青贮原料干物质的 6.7%；而含水量为 70% 的青贮原料，已无液汁排出，干物质不受损失。青贮原料中水分过多时，细胞液中糖分过于稀释，不能满足乳酸菌发酵所要求的一定糖分浓度，反利于酪酸菌发酵，使青贮料变臭、品质变坏。因此，乳酸菌繁殖活动，最适宜的含水量为 65%～75%。豆科牧草的含水量以 60%～70% 为好。但青贮原料适宜含水量因质地不同而有差别，质地粗硬的原料含水量可达 80%，而收割早、幼嫩多汁的原料则以 60% 较合适。判断青贮原料水分含量的简单办法是：将切碎的原料紧握手中，然后手自然松开，若仍保持球状，手有湿印，其水分含量在 68%～75%；若草球慢慢膨胀，手上无湿印，其水分在 60%～67%，适于豆科牧草的青贮；若手松开后，草球立即膨胀，其水分为在 60% 以下，只适于幼嫩牧草低水分青贮（表 4-9）。

表4-9　手工测定青贮含水量

用手挤压青贮饲料时的情况	水分含量（%）
水很易挤出，饲料成形	≥80
水刚能挤出，饲料成形	75～80
只能少许挤出一点水（或无法挤出），但饲料成形	70～75
无法挤出水，饲料慢慢散开	60～70
无法挤出水，饲料很快散开	≤60

含水过高或过低的青贮原料，青贮时应处理或调节。对于水分过多的饲料，青贮前应稍晾干凋萎，使其水分含量达到要求后再青贮。如凋萎后还不能达到适宜含水量，应添加干料进行混合青贮。也可以将含水量高的原料和低水分原料按适当比例混合青贮，如玉米秸和甘薯藤、甘薯藤和花生秧、玉米秸和紫花苜蓿是比较好的组合，但青贮的混合比例以含水量高的原料占1/3为适合。

（3）创造厌氧环境。为了给乳酸菌创造良好的厌氧生长繁殖条件，须做到原料切短、装实压紧、青贮窖密封良好。

青贮原料切短的目的是为了便于装填紧实，取用方便，家畜便于采食，且减少浪费。同时原料切短或粉碎后，青贮时易使植物细胞渗出液汁，湿润表面，糖分流出附在原料表层，有利于乳酸菌的繁殖。切短程度应视原料性质和畜禽需要来定，对牛来说，细茎植物如禾本科牧草、豆科牧草、草地青草、甘薯藤和幼嫩玉米苗等，切成3～4厘米长即可；对粗茎植物或粗硬的植物如玉米、向日葵等，切成2～3厘米较为适宜。叶菜类和幼嫩植物，也可不切短青贮。

原料切短后青贮，易装填紧实，使窖内空气排出。否则，窖内空气过多，好气菌大量繁殖，氧化作用强烈，温度升高（可达

60 ℃），使青贮料糖分分解、维生素破坏、蛋白质消化率降低。一般原料装填紧实适当的青贮，发酵温度在 30 ℃左右，最高不超过 38 ℃。

青贮的装料过程越快越好，这样可以缩短原料在空气中暴露的时间，减少由于植物细胞呼吸作用造成的损失，也可避免好气性菌大量繁殖。窖装满压紧后立即覆盖，造成厌氧环境，促使乳酸菌的快速繁殖和乳酸的积累，保证青贮饲料的品质。

（二）青贮饲料的特点

1. 青贮饲料能够保存青绿饲料的营养特性　青绿饲料在密封厌氧条件下保藏，由于不受日晒、雨淋的影响，也不受机械损失影响，在贮藏过程中，氧化分解作用微弱，养分损失少，一般不超过 10％。据试验，青绿饲料在晒制成干草的过程中，养分损失一般达 20％～40％。每千克青贮甘薯藤干物质中含有胡萝卜素可达 94.7 毫克；而在自然晒制的干藤中，每千克干物质只含 2.5 毫克。据测定，在相同单位面积耕地上，所产的全株玉米青贮料的营养价值比所产的玉米籽粒加干玉米秸秆的营养价值高出 30％～50％。

2. 可以四季供给家畜青绿多汁饲料　调制良好的青贮料，管理得当，可贮藏多年。因此，可以保证家畜一年四季都能吃到优良的多汁料。青贮饲料仍保持青绿饲料的水分、维生素含量高和颜色青绿等优点。我国西北、东北和华北地区，气候寒冷，生长期短，青绿饲料生产受限制，整个冬春季节都缺乏青绿饲料。调制青贮饲料把夏、秋多余的青绿饲料保存起来，供冬春利用，解决了冬春家畜缺乏青绿饲料的问题。

3. 消化性强，适口性好　青贮饲料经过乳酸菌发酵，产生大量乳酸和芳香族化合物，具酸香味，柔软多汁，适口性好，各种家畜都喜食。青贮料对提高家畜日粮内其他饲料的消化也有良好的作用。用同类青草制成的青贮饲料和干草，青贮料的消化率有所提高（表4-10）。

表4-10　青贮料与干草消化率比较

单位：%

种类	干物质	粗蛋白	脂肪	无氮浸出物	粗纤维
干草	65	62	53	71	65
青贮料	69	63	68	75	72

4. 青贮饲料单位容积内贮量大　青贮饲料贮藏空间比干草小，可节约存放场地。1米³青贮料重量为450～700千克，其中含干物质为150千克，而1米³干草重量仅70千克，约含干物质60千克。1吨青贮苜蓿占体积1.25米³，而1吨苜蓿干草则占体积13.3～13.5米³。在贮藏过程中，青贮饲料不受风吹、日晒和雨淋的影响，也不会发生火灾等事故。青贮饲料经发酵后，可使其所含的病菌虫卵和杂草种子失去活力，减少对农田的危害。如玉米螟的幼虫常钻入玉米秸秆越冬，翌年便孵化为成虫继续繁殖为害。秸秆青贮是防治玉米螟的最有效措施之一。

5. 青贮饲料调制方便，可以扩大饲料资源　青贮饲料的调制方法简单、易于掌握。修建青贮窖或备制塑料袋的费用较少，一次调制可长久利用。调制过程受天气条件的限制较小，在阴雨季节或天气不好时，晒制干草困难，对青贮的进行则影响较小。调制青贮饲料可以扩大饲料资源，一些植物和菊科类及马铃薯茎叶在青饲时，具有异味，家畜适口性差，饲料利用率低。但经青贮后，气味改善，柔软多汁，提高了适口性，成为家畜喜食的优质青绿多汁饲料。有些农副产品如甘薯、萝卜叶和甜菜叶等收获期很集中，收获量很大，短时间内用不完，又不能直接存放，或因天气条件限制不易晒干，若及时调制成青贮饲料，则可充分发挥此类饲料的作用。

二、青贮设施

青贮容器的种类很多，但常用的有青贮窖和青贮塔。这些设备都应有它的基本要求，才能保证良好的青贮效果。青贮的场址应选择土质坚硬、地势高燥、地下水位低、靠近畜舍、远离水源和粪坑的地方。同时，青贮设备要坚固牢实，不透气，不漏水。

（一）青贮塔

地上的圆筒形建筑，一般用砖和混凝土修建而成，长久耐用，青贮效果好，便于机械化装料与卸料。青贮塔的高度应不小于其直径的 2 倍，不大于直径的 3.5 倍，一般塔高 12～14 米，直径 3.5～6.0 米。在塔身一侧每隔 2 米高开一个 0.6 米×0.6 米的窗口，装时关闭，取用时敞开（图 4-1）。

图 4-1　饲料青贮塔

近年来，国外采用气密（限氧）的青贮塔，由镀锌钢板乃至钢筋混凝土构成，内边有玻璃层，防气性能好。提取青贮饲料可以从塔顶或塔底用旋转机械进行。可用于制作低水分青贮、湿玉米青贮或一般青贮，青贮饲料品质优良，但成本较高，只能依赖机械装填。

（二）青贮池

青贮池有地下式及半地下式两种。多为饲养数量较少的场户所使用。地下式青贮池适于地下水位较低、土质较好的地区，半地下式青贮池适于地下水位较高或土质较差的地区。青贮以圆形或长方形为好。有条件的可建成永久性的，青贮池四周用砖石砌成，水泥抹面，坚固耐用，内壁光滑，不透气，不漏水。圆形池做成上大下小，便于压紧；长形青贮池池底应有一定坡度，以利于取用完的部分雨水流出。青贮池容积，一般圆形池直径 2 米、深 3 米，直径与池深之比以 1：（1.5～2.0）为宜。长方形池的宽深之比为 1：（1.5～2.0），长度根据饲养数量和饲料多少而定（图 4-2）。

图 4-2 长方形的青贮池

（三）圆筒塑料袋

选用厚实的塑料膜做成圆筒形，可以作为青贮容器进行少量青贮。为防穿孔，宜选用较厚结实的塑料袋，可用两层。袋的大小，如不移动可做得大些，如要移动，以装满青贮料后 2 人能抬动为宜。塑料袋可用土埋住或放在畜舍内，要注意防鼠防冻。美国玉米生产带利用玉米穗轴破碎后填入塑料袋中，饲喂牛。或用一种塑料拉伸膜，这种青贮装置是将青草用机器卷压成圆捆然后用专门裹包机拉伸膜包被在草捆上进行青贮。

青贮建筑物容重的计算如公式（4-1）和公式（4-2）所示：

$$圆形池（塔）的容积＝3.14×半径^2×深度 \cdots\cdots （4-1）$$
$$长方形池的容积＝长×宽×深 \cdots\cdots\cdots （4-2）$$

各种青贮原料的单位容积质量，因原料的种类、含水量、切碎和踩实程度不同而不同。一般来说，叶菜类、紫云英和甘薯块根为 800 千克/米^3，甘薯藤为 700～750 千克/米^3，牧草、野草为 600 千克/米^3，全株玉米为 600 千克/米^3，青贮玉米秸为450～500 千克/米^3。

三、青贮机械的选择

秸秆制作青贮饲料所需的机械与设备包括：收割机械、切碎机、青贮设备及装料与卸料设备。饲草切碎机是切碎秸秆的机械，是实施青贮技术的主要机械。

饲草切碎机主要用来切断茎秆类饲料，如谷草、稻草、麦秸、干草以及各种青饲料和青贮玉米、高粱秸秆等。饲草切碎机按机型大小可分为小型、中型和大型 3 种。小型饲草切碎机常称铡草机，在农村应用很广。主要用来铡切谷草、稻草和麦秸，也用来铡切青饲料和干草。大型饲草切碎机常用在养牛场，主要用来铡切青贮料，故常称青贮料切碎机。中型饲草切碎机一般可做铡草和铡青贮料两用。

饲草切碎机按切割部分形式可分为擦刀式和轮刀式两种。大中型饲草切碎机为了便于抛送青贮料一般都为轮刀式；而小型饲草切碎机则两者都有，但以滚刀式为多。

饲草切碎机按固定方式可分为固定式和移动式两种。大、中型饲草切碎机为了便于青贮作业常为移动式；小型饲草切碎机常为固定式。移动切碎机，机械化程度高，需要配备自动翻斗运输车，投入相对较高；固定式切碎机相对投入要少，但需要较多劳动力人工。

饲草切碎机的使用：

1. 工作前安装　固定式小型饲草切碎机应固定在地基或长方木上。电动机与切碎机中心距为 1.2～1.4 米。移动式大、中型饲草切碎机应将轮子一半埋入土中。动力与切碎机中心距 3～6 米。

2. 使用前的检查和调整　要检查机器状态是否良好，螺丝是否松动，润滑油是否充足。检查调整切割间隙。一般小型切碎机间隙为 0.2～0.4 毫米，相当于刀片轻轻从底刃上划过，又不相碰剐。中型切碎机间隙为 0.5～1 毫米，大型切碎机间隙为 1.5～2 毫米。

3. 启动和工作　先用手试转，再将离合器切离，开动电动机，空转 3～5 分钟，待运转正常后，接合离合器。如机器正常，即可投料。严禁不停车进行清理和调整，工作人员应穿紧袖服装。

4. 维护与保养　动刀片每铡切 10 000 千克饲草，应磨刀一次。无油嘴的主轴承可每工作 4～5 个月拆洗换一次黄油。有油嘴的应每天加一次黄油。小型切碎机中的齿轮和十字沟槽联轴节应每 2 小时加黄油一次。应定期更换传动箱的润滑油。

四、青贮的步骤及方法

饲料青贮是一项突击性工作，事先要把青贮池、青贮切碎机或铡草机和运输车辆进行检修，并组织足够人力，以便在尽可能短的时间完成。青贮的操作要点，概括起来要做到"六随三要"，即随割、随运、随切、随装、随踩、随封，连续进行，一次完成；原料要切短、装填要踩实、窖顶要封严。

（一）原料的适时收割

良质青贮原料是调制优良青贮料的物质基础。适期收割，不但可以在单位面积上获得最大营养物质产量，而且水分和可溶性碳水化合物含量适当，有利于乳酸发酵，易于制成优质青贮料。一般收割宁早勿迟，随收随贮。

整株玉米青贮应在蜡熟期，即在干物质含量为 25％～35％时收割最好。其明显标记是，靠近籽粒尖的几层细胞变黑而形成黑层。检查方法是：在果穗中部剥下几粒，然后纵向切开或切下尖部寻找靠近尖部的黑层，如果黑层存在，就可刈割做整株玉米青贮。

收果穗后的玉米秸青贮，宜在玉米果穗成熟、玉米茎叶仅有下部 1～2 片叶枯黄时，立即收割玉米秸青贮；或玉米成熟时削尖后青贮，但削尖时果穗上部要保留一张叶片。

一般来说，豆科牧草宜在现蕾期至开花初期进行收割，禾本科牧草在孕穗至抽穗期收割，甘薯藤、马铃薯茎叶在收薯前 1～2 天或霜前收割。原料收割后应立即运至青贮地点切短青贮。

（二）切短

青贮秸秆切短的目的在于装填紧实，取用方便，容易采食。对奶牛来说，细秸秆和甘薯藤等切成 3～5 厘米即可。粗硬的玉米、高粱等秸秆切成 2～3 厘米较为适宜。少量青贮原料的切短可用人工铡草机，大规模青贮可用青贮切碎机。大型青贮料切碎机每小时可切 5～6 吨，最高可切割 8～12 吨。小型切草机每小时可切 250～800 千克。若条件具备，使用青贮玉米联合收获机，在田内通过机器一次完成割、切作业，然后送回装入青贮窖内，功效大大提高。

（三）装填压紧

铡短的青饲料应及时装填，装窖前，先将池或塔打扫干净，池底部可填一层 10～15 厘米厚的切短的干秸秆或软草，以便吸收青贮液汁。若为土池或四壁密封不好，可铺塑料薄膜。装填青贮料时应逐层装入，每层装 15～20 厘米厚，即应踩实，然后再继续装填。装填时应特别注意四角与靠壁的地方，要达到弹力消失的程度，如此边装边踩实，一直装满并高出池口 70 厘米左右。长方形池或地面青贮时，可用拖拉机进行碾压，小型池也可用人力踏实。青贮料紧实程度是青贮成败的关键之一，青贮紧实度适当，发酵完成后饲料下沉不超过深度的 10%。

（四）密封

严密封池，防止漏水漏气是调制优良青贮料的一个重要环节。青贮容器密封不好，进入空气或水分，有利于腐败菌、霉菌等繁殖，使青贮料变坏。当秸秆装贮到池口 60 厘米以上时即可加盖封顶。填满池后，可再在上面盖一层切短秸秆或软草（厚

20～30厘米）或铺塑料薄膜，然后再用土覆盖拍实，厚30～50厘米，并做成馒头形，有利于排水。青贮窖密封后，为防止雨水渗入窖内，距离四周约1米处应挖排水沟。以后应经常检查，池顶下沉有裂缝时，应及时覆土压实，防止透气和雨水渗入。

五、青贮的质量控制及品质鉴定

青贮饲料的品质好坏与青贮原料种类、刈割时期以及调制方法是否正确密切相关。用优良的青贮饲料饲喂畜禽，可以获得良好的饲养效果。青贮料在取用之前，需先进行感官鉴定，必要时再进行化学分析鉴定，以保证使用良好的青贮饲料饲喂家畜。

（一）营养物质变化

1. 蛋白质的变化　正在生长的饲料作物，总氮中有75％～90％的氮以蛋白氮的形式存在。收获后，植物蛋白酶会迅速将蛋白质水解为氨基酸，在12～24小时内，总氮中有20％～25％被转化为非蛋白氮。青贮饲料中蛋白质的变化，与pH的高低有密切关系，当pH小于4.2时，蛋白质因植物细胞酶的作用，部分蛋白质分解为氨基酸，且较稳定，并不造成损失。但当pH大于4.2时，由于腐败菌的活动，氨基酸便分解成氨、胺等非蛋白氮，使蛋白质受到损失。

2. 碳水化合物的变化　在青贮发酵过程中，由于各种微生物和植物本身酶体系的作用，使青贮原料发生一系列生物化学变化，引起营养物质的变化和损失。在青贮的饲料中，只要有氧存在，且pH不发生急剧变化，植物呼吸酶就有活性，青贮作物中的水溶性碳水化合物就会被氧化为二氧化碳和水。在正常青贮时，原料中水溶性碳水化合物，如葡萄糖和果糖，发酵成为乳酸和其他产物。另外，部分多糖也能被微生物发酵作用转化为有机酸，但纤维素仍然保持不变，半纤维素有少部分水解，生成的戊糖可发酵生成乳酸。

3. 维生素和色素的变化 青贮期间最明显的变化是饲料的颜色。由于有机酸对叶绿素的作用，使其成为脱镁叶绿素，从而导致青贮料变为黄绿色。青贮料颜色的变化，通常在装贮后 3～7 天发生。窖壁和表面青贮料常呈黑褐色。青贮温度过高时，青贮料也呈黑色，不能利用。

维生素 A 前体物 β-胡萝卜素的破坏与温度和氧化的程度有关。二者值均高时，β-胡萝卜素损失较多。但贮存较好的青贮料，胡萝卜素的损失一般低于 30%。

（二）养分损失

1. 田间损失 刈割和青贮在同一天进行时，养分的损失极微，即使萎蔫期超过了 24 小时，损失的养分也不足干物质的 1% 或 2%。萎蔫期超过 48 小时，则养分的损失较大，其程度取决于当地的气候状况。据报道，在田间萎蔫 5 天后，干物质的损失达 6%。受萎蔫期影响的主要养分是水溶性碳水化合物和易被水解为氨基酸的蛋白质。

2. 氧化损失 养分的氧化损失是由于植物和微生物的酶在有氧条件下对基质如糖的作用生成 CO_2 和水而引起的。在迅速填满并密封的青贮窖内，植物组织中的存氧无关紧要，它引起的干物质损失仅 1% 左右。持续暴露在有氧环境中的青贮作物，例如青贮窖边角和上层的青贮物，会形成不可食用的堆肥样干物质，在其形成过程中已有 75% 以上的干物质损失掉。

3. 发酵损失 在青贮过程中发生了许多化学变化，特别是可溶性碳水化合物和蛋白质变化较大，但总干物质和能量损失却并未因乳酸菌的活动而有大的提高。一般认为，干物质的损失不会超过 5%，而总能的损失则更少，这是因为形成了诸如已醇之类的高能化合物。在梭菌发酵中，由于产生了气体 CO_2、H_2 和 NH_3，养分的损失高于乳酸发酵。

4. 流出液损失 许多青贮窖可自由排水，这些液体或青贮流出液带走了可溶性养分。对于含水量 85% 的牧草，青贮流出物的干物质损失可达 10%，但将作物萎蔫至含水量 70% 左右时，产生的流出液极少。

(三) 营养价值改变

由于青贮饲料在青贮过程中化学变化复杂，它的化学成分与营养价值与原料相比，有许多方面是有区别的。

1. 化学成分 青贮料干物质中各种化学成分与原料有很大差别。从表 4-11 可以看出，从常规分析成分看，黑麦草青草与其青贮料没有明显差别，但从其组成的化学成分看，青贮料与其原料相比，则差别很大。青贮料中粗蛋白质主要由非蛋白氮组成。而无氮浸出物中，青贮料中糖分极少，乳酸与醋酸则相当多。虽然这些非蛋白氮（主要是游离氨基酸）与脂肪酸使青贮料在饲喂性质上比青饲料发生了改变，但对动物营养价值还是比较高的。

表 4-11　黑麦草与它的青贮料的化学成分比较（以干物质为基础）

名　称	黑麦草青草		黑麦草青贮	
	含量（%）	消化率（%）	含量（%）	消化率（%）
有机物质	89.8	77	88.3	75
粗蛋白质	18.7	78	18.7	76
粗脂肪	3.5	64	4.8	72
粗纤维	23.6	78	25.7	78
无氮浸出物	44.1	78	39.1	72

（续）

名　　称	黑麦草青草		黑麦草青贮	
	含量（％）	消化率（％）	含量（％）	消化率（％）
蛋白氮	2.66	—	0.91	—
非蛋白氮	0.34	—	2.08	—
挥发氮	0	—	0.21	—
糖类	9.5	—	2.0	—
聚果糖类	5.6	—	0.1	—
半纤维素	15.9	—	13.7	—
纤维素	24.9	—	26.8	—
木质素	8.3	—	6.2	—

2. 营养物质的消化利用　从常规分析成分的消化率看，各种有机物质的消化率在原料和青贮料之间非常相近，两者无明显差别。因此，它们的能量价值也是近似的。据测定，青草与其青贮料的代谢能分别为 10.46 兆焦/千克和 10.42 兆焦/千克，两者非常相近。由此可见，可以根据青贮原料当时的营养价值来考虑青贮料。多年生黑麦草青贮前后营养价值见表 4 - 12。

表 4 - 12　多年生黑麦草青贮前后营养价值的比较

项　　目	黑麦草	乳酸青贮	半干青贮
pH	6.1	3.9	4.2
干物质（克/千克）	175	186	316
乳酸（克/千克干物质）	—	102	59
水溶性糖（克/千克干物质）	140	10	47
干物质消化率	0.784	0.794	0.752
总能（兆焦/千克干物质）	18.5	—	18.7
代谢能（兆焦/千克干物质）	11.6	—	11.4

资料来源：引自赵义斌译《动物营养学》（1992）。

青贮料同其原料相比，蛋白质的消化率相近，但是它们被用于增加动物体内氮素的沉积效率则往往低于原料。其主要原因是由大量青贮料组成的饲粮，在反刍动物瘤胃中往往产生相当大量的氨，这些氨被吸收后，相当一部分以尿素形式从尿中排出。因此，为了提高青贮料对氮素的作用，可以按照反刍动物应用尿素等非蛋白氮的办法，在饲粮中增加玉米等谷实类富含碳水化合物的比例，可获得较好的效果。如果由半干青贮或甲醛保存的青贮料来组成饲粮，则可见氮素沉积的水平提高。常见青贮料的营养价值见表4-13。

表4-13　常见青贮饲料的营养价值

饲　料	干物质（%）	产奶净能（兆焦/千克）	奶牛能量单位（兆焦/千克）	粗蛋白（%）	粗纤维（%）	钙（%）	磷（%）
青贮玉米	29.2	5.02	1.60	5.5	31.5	0.31	0.27
青贮苜蓿	33.7	4.82	1.53	15.7	38.4	1.48	0.30
青贮甘薯藤	33.1	4.48	1.43	6.0	18.4	1.39	0.45
青贮甜菜叶	37.5	5.78	1.84	12.3	19.4	1.04	0.26
青贮胡萝卜	23.6	5.90	1.88	8.9	18.6	1.06	0.13

（四）青贮的品质鉴定

青贮料品质的优劣与青贮原料种类、刈割时期以及青贮技术等密切相关。正确青贮，一般经17～21天的乳酸发酵，即可开窖取用。通过品质鉴定，可以检查青贮技术是否正确，判断青贮料营养价值的高低。青贮饲料品质好坏的评定，分为感观鉴定和实验室鉴定两种，因在实际生产中不进行实验室鉴定，所以根据青贮饲料的颜色、气味、味道和手感来判断的感观鉴定法尤为重要，腐败、恶臭的青贮饲料应禁止饲喂。

1. 感官评定　开启青贮容器时，从青贮饲料的色泽、气味和质地等进行感官评定，见表4-14。

表4-14　青贮饲料的品质评定

等级	颜色	气味	结构质地
优良	绿色或黄绿色	芳香酒酸味	茎叶明显，结构良好
中等	黄褐或暗绿色	有刺鼻酸味	茎叶部分保持原状
低劣	黑色	腐臭味或霉味	腐烂，污泥状

（1）色泽。优质的青贮饲料非常接近于作物原先的颜色。若青贮前作物为绿色，青贮后仍为绿色或黄绿色最佳。青贮器内原料发酵的温度是影响青贮饲料色泽的主要因素，温度越低，青贮饲料就越接近于原先的颜色。对于禾本科牧草，温度高于30℃，颜色变成深黄；当温度为45~60℃，颜色近于棕色；超过60℃，由于糖分焦化近乎黑色。一般来说，品质优良的青贮饲料颜色呈黄绿色或青绿色，中等的为黄褐色或暗绿色，劣等的为褐色或黑色。

（2）气味。品质优良的青贮料具有轻微的酸味和水果香味。若有刺鼻的酸味，则醋酸较多，品质较次。腐烂腐败并有臭味的则为劣等，不宜喂家畜。总之，芳香而喜闻者为上等，而刺鼻者为中等，臭而难闻者为劣等。

（3）质地。植物的茎叶等结构应当能清晰辨认，结构破坏及呈黏滑状态是青贮腐败的标志，黏度越大，表示腐败程度越高。优良的青贮饲料，在窖内压得非常紧实，但拿起时松散柔软，略湿润，不黏手，茎叶花保持原状，容易分离。中等青贮饲料茎叶部分保持原状，柔软，水分稍多。劣等的结成一团，腐烂发黏，分不清原有结构。

2. 化学鉴定 用化学分析测定包括 pH、氨态氮和有机酸（乙酸、丙酸、丁酸、乳酸的总量和构成）可以判断发酵情况。

（1）pH（酸碱度）。pH 是衡量青贮饲料品质好坏的重要指标之一。实验室测定 pH，可用精密雷磁酸度计测定，生产现场可用精密石蕊试纸测定。优良青贮饲料 pH 在 4.2 以下，超过4.2（低水分青贮除外）说明在青贮发酵过程中，腐败菌、酪酸菌等活动较为强烈。劣质青贮饲料 pH 在 5.5～6.0，中等青贮饲料的 pH 介于优良与劣等之间。

（2）氨态氮。氨态氮与总氮的比值是反映青贮饲料中蛋白质及氨基酸分解的程度，比值越大，说明蛋白质分解越多，青贮质量不佳。

（3）有机酸含量。有机酸总量及其构成可以反映青贮发酵过程的好坏，其中最重要的是乳酸、乙酸和丁酸，乳酸所占比例越大越好。优良的青贮饲料，含有较多的乳酸和少量醋酸，而不含酪酸。品质差的青贮饲料，含酪酸多而乳酸少（表 4 - 15）。

表 4 - 15 不同青贮饲料中各种酸含量

等级	pH	乳酸（%）	醋酸（%）		丁酸（%）	
			游离	结合	游离	结合
良好	4.0～4.2	1.2～1.5	0.7～0.8	0.1～0.15	—	—
中等	4.6～4.8	0.5～0.6	0.4～0.5	0.2～0.3	—	0.1～0.2
低劣	5.5～6.0	0.1～0.2	0.1～0.15	0.05～0.1	0.2～0.3	0.8～1.0

六、开窖取用时注意事项

青贮过程进入稳定阶段，一般糖含量较高的玉米秸秆等经过一个月，即可发酵成熟。一般控制在 30～50 天，即可打开青贮池/塔取用，或待冬春季节饲喂奶牛。

开池取用时，如发现表层呈黑褐色并有腐败臭味时，应把表层弃掉，避免有土混入。对于直径较小的圆形池，应由上到下逐层以用，保持表面平整。对于长方形窖，自一端开始分段取用，不要挖窝掏取，每次取用后，应该将塑料薄膜封闭严实，以免空气侵入引起饲料霉变，尽量减少与空气的接触面。每次用多少取多少，不能一次取大量青贮料堆放在畜舍慢慢饲用，要用新鲜青贮料，防止二次发酵。青贮料只有在厌氧条件下，才能保持良好品质，如果堆放在奶牛舍里和空气接触，就会很快感染霉菌和其他菌类，使青贮料迅速变质。尤其是夏季，正是各种细菌繁殖最旺盛的时候，青贮料也最易霉坏。

七、青贮饲料的饲喂方法

（一）青贮饲料的使用注意事项

牲畜改换饲喂青贮饲料时可由少到多逐渐增加。青贮饲料可单独喂，也可与平时饲草掺和着饲喂。停喂青贮饲料时应由多到少，使牲畜逐渐适应。

（二）饲喂技术

青贮饲料可以作为草食家畜牛羊的主要粗饲料，一般占饲粮干物质的50%以下。刚开始喂时家畜不喜食，喂量应由少到多，逐渐适应后即可习惯采食。喂青贮料后，仍需喂精料和干草。训练方法是，先空腹饲喂青贮料，再饲喂其他草料；先将青贮料拌入精料喂，再喂其他草料；先少喂后逐渐增加；或将青贮料与其他料拌在一起饲喂。由于青贮饲料含有大量有机酸，具有轻泻作用，因此奶牛妊娠后期不宜多喂，产前15天停喂。劣质的青贮饲料有害牛体健康，易造成流产，不能饲喂。冰冻的青贮饲料也易引起母牛流产，应待冰融化后再喂。

（三）青贮饲料的用量

应视家畜种类、年龄、生产水平和青贮饲料的品质好坏而定。如低产奶牛，优质青贮饲料可以作为唯一的粗饲料使用；而对高产奶牛，青贮饲料只能作为粗饲料的一部分使用。成年牛每100千克体重日喂青贮量（千克）：泌乳牛5～7千克，肥育牛4～5千克，役牛4～4.5千克，种公牛1.5～2.0千克。

第四节　特种青贮加工调制技术

一、低水分青贮

低水分青贮也称半干青贮。青贮原料中的微生物不仅受空气和酸的影响，也受植物细胞质的渗透压的影响。低水分青贮料制作的基本原理是：青饲料刈割后，经风干水分含量达45％～50％，植物细胞的渗透压达（5.5～6.0）×10^{6}帕。这种情况下，腐败菌、酪酸菌以至乳酸菌的生命活动接近于生理干燥状态，生长繁殖受到限制。因此，在青贮过程中，青贮原料中糖分的多少、最终的pH的高低已不起主要作用，微生物发酵微弱，有机酸形成数量少，碳水化合物保存良好，蛋白质不被分解。虽然霉菌在风干植物体上仍可大量繁殖，但在切短压实和青贮厌氧条件下，其活动也很快停止。

低水分青贮法近十几年来在国外盛行，我国也开始在生产上采用。它具有干草和青贮料两者的优点。调制干草常因脱叶、氧化和日晒等使养分损失15％～30％，胡萝卜素损失90％；而低水分青贮料只损失养分10％～15％。低水分青贮料含水量低，干物质含量比一般青贮料多一倍，具有较多的营养物质；低水分青贮饲料味微酸性，有果香味，不含酪酸，适口性好，pH 达 4.8～5.2，有机酸含量约 5.5%；优良低水分青贮料呈湿润状态，深绿色，结构完好。任何一种牧草或饲料作物，不论其含糖量多少，均可低水分青贮，难以青贮的豆科牧草如苜蓿、豌豆等尤其适合调制成低水分青贮料，从而为扩大豆科牧草或作物的加工调制范围开辟了新途径。

根据低水分青贮的基本原理和特点，制作时青贮原料应迅速风干，要求在刈割后 24～30 小时内，豆科牧草含水量应达 50%，禾本科达 45%。原料必须短于一般青贮，装填必须更紧实，才能造成厌氧环境以提高青贮品质。

二、加酸青贮法

难贮的原料加酸之后，很快使 pH 下降至 4.2 以下，抑制了腐败菌和霉素的活动，达到长期保存的目的。加酸青贮常用无机酸和有机酸。

（一）加无机酸

对难贮的原料可以加盐酸、硫酸和磷酸等无机酸。盐酸和硫酸腐蚀性强，对窖壁和用具有腐蚀作用，使用时应小心。用法是 1 份硫酸（或盐酸）加 5 份水，配成稀酸，100 千克青贮原料中加 5～6 千克稀酸。青贮原料加酸后，很快下沉，遂停止呼吸作用，杀死细菌，降低 pH，使青贮质地变软。

国外常用的无机酸混合液有 30% HCl 92 份和 40% H_2SO_4 8 份配制而成，使用时 4 倍稀释，青贮时每 100 千克原料加稀释液 5～6 千克。或 8%～10% 的 HCl 70 份，8%～10% 的 H_2SO_4 30 份混合制成，青贮时按原料质量的 5%～6% 添加。

强酸易溶解钙盐，对家畜骨骼发育有影响，注意家畜日粮中钙的补充。使用磷酸价格高，腐蚀性强，能补充磷，但饲喂家畜时应补钙，使其钙磷平衡。

（二）加有机酸

添加在青贮料中的有机酸有甲酸（蚁酸）和丙酸等。甲酸是很好的发酵抑制剂，一般用量为每吨青贮原料加纯甲酸 2.4～2.8 千克。添加甲酸可减少青贮中乳酸、乙酸含量，降低蛋白质分解，抑制植物细胞呼吸，增加可溶性碳水化合物与真蛋白含量。

丙酸是防霉剂和抗真菌剂，能够抑制青贮中的好气性菌，作为好气性破坏抑制剂很有效，但作为发酵剂不如甲酸，其用量为青贮原料的 0.5%～1.0%。添加丙酸可控制青贮的发酵，减少氨氮的形成，降低青贮原料的温度，促进乳酸菌生长。

加酸制成的青贮料，颜色鲜绿，具香味，品质好，蛋白质分解损失仅 0.3%～0.5%，而在一般青贮中则达 1%～2%。苜蓿和红三叶加酸青贮结果，粗纤维减少 5.2%～6.4%，且减少的这部分纤维水解变成低级糖，可被动物吸收利用。而一般青贮的粗纤维仅减少 1% 左右，胡萝卜素、维生素 C 等加酸青贮时损失少。

三、添加尿素青贮

青贮原料中添加尿素，通过青贮微生物的作用，形成菌体蛋白，以提高青贮饲料中的蛋白质含量。尿素的添加量为原料重量的 0.5%，青贮后每千克青贮饲料中增加消化蛋白质 8～11 克。

添加尿素后的青贮原料可使 pH、乳酸含量和乙酸含量以及粗蛋白质含量、真蛋白含量、游离氨基酸含量提高。氨的增多增加了青贮缓冲能力，导致 pH 略为上升，但仍低于 4.2，尿素还可以抑制开窖后的二次发酵。饲喂尿素青贮料可以提高干物质的采食量。

四、添加甲醛青贮

甲醛能抑制青贮过程中各种微生物的活动。40％的甲醛水溶液俗称福尔马林，常用于消毒和防腐。在青贮饲料中添加 0.15％～0.30％的福尔马林，能有效抑制细菌，发酵过程中没有腐败菌活动，但甲醛异味大，影响适口性。

五、添加乳酸菌青贮

加乳酸菌培养物制成的发酵剂或由乳酸菌和酵母培养制成的混合发酵剂青贮，可以促进青贮料中乳酸菌的繁殖，抑制其他有害微生物的作用，这是人工扩大青贮原料中乳酸菌群体的方法。值得注意的是，菌种应选择那些盛产乳酸而不产生乙酸和乙醇的同质型乳酸杆菌和球菌。一般每 1 000 千克青贮料中加乳酸菌培养物 0.5 升或乳酸菌制剂 450 克，每克青贮原料中加乳酸杆菌10 万个左右。

六、添加酶制剂青贮

在青贮原料中添加以淀粉酶、糊精酶、纤维素酶和半纤维素酶等为主的酶制剂，可使青贮料中部分多糖水解成单糖，有利于乳酸发酵。酶制剂由胜曲霉、黑曲霉和米曲霉等培养物浓缩而成，按青贮原料质量的 0.01％～0.25％添加，不仅能保持青饲料特性，而且可以减少养分的损失，提高青贮料的营养价值。豆科牧草苜蓿、红三叶添加 0.25％黑曲霉制剂青贮，与普通青贮料相比，纤维素减少 10.0％～14.4％，半纤维素减少 22.8％～

44.0%，果胶减少 29.1%～36.4%。如酶制剂添加量增加到0.5%，则含糖量可高达 2.48%，蛋白质提高 26.7%～29.2%。

七、湿谷物的青贮

用作饲料的谷物如玉米、高粱、大麦和燕麦等，收获后带湿贮存在密封的青贮塔或水泥窖内，经过轻度发酵产生一定量的（0.2%～0.9%）有机酸（主要是乳酸和醋酸），以抑制霉菌和细菌的繁殖，使谷物得以保存。此法贮存谷物，青贮塔或窖一定要密封不透气，谷物最好压扁或轧碎，可以更好地排出空气，降低养分损失，并利于饲喂。整个青贮过程要求从收获至贮存 1 天内完成，迅速造成窖内的厌氧条件，限制呼吸作用和好气性微生物繁殖。青贮谷物的养分损失，在良好条件下为 2%～4%，一般条件下可达 5%～10%。用湿贮谷物喂乳牛、肉牛、猪，增重和饲料报酬按干物质计算，基本和干贮玉米相近。

八、微贮饲料的加工调制

（一）微贮饲料特点

1. 微贮饲料是指在经切碎的秸秆中加入秸秆发酵或杆菌，放入密封的容器中贮藏。经一段时间的发酵使秸秆变成有酸香味、适口性好、易消化的饲料。

2. 适口性好，消化率高　因为牧草或秸秆在微贮过程中，秸秆发酵活干菌的高效复活菌的作用，使木质纤维素大幅度降解，并被转化为乳酸和挥发性脂肪酸，加之所含的酶（纤维分解菌所产生的纤维分解酶）和其他生物活性物质的作用，提高了牛、羊瘤胃微生物区系中的纤维素酶和解脂酶的活性。试验证明：麦秸微贮饲料的干物质体内消化率提高了 24.14%，粗纤维体内消化率提高了 43.77％。秸秆经微生物发酵后，质地变得柔软，并具有醇香、酒气味，适口性明显提高，增强了家畜的食欲。营养价值和消化率高在微贮过程中，经秸秆微贮作用后，秸秆中的纤维素和木质素部分被降解，同时纤维素、木质素的复合结构被打破。这样，瘤胃微生物能够与秸秆纤维充分接触，促进了瘤胃微生物的活动，从而增加了瘤胃微生物蛋白和挥发性酸的合成量，提高了秸秆的营养价值和消化率。

3. 成本低廉 只需 2 000 毫升秸秆发酵菌液，就可以处理 1 000 千克秸秆，而氨化同样多的秸秆则需用尿素 40～50 千克，两者的处理效果基本相同。但微贮秸秆可比尿素氨化降低成本 80％左右，其使用安全性能也比氨化法高。

4. 操作简便 微贮饲料的制作与传统青贮的制作方法相似，易学易懂，容易普及推广。微贮饲料与氨化相比，微贮取用方便，不须晾晒。秸秆微贮与青贮、氨化相比，更简单易学。只要把秸秆春新菌液活化后，放到 1％的沸石中，然后均匀地喷洒在秸秆上，在一定的温度和湿度下，压实封严，在密闭厌氧条件下，就可以制作优质微贮秸秆饲料。微贮饲料安全可靠，微贮饲料菌种均对人畜无害，不论饲料中有无微生物存在，均不会对动物产生毒害作用，可以长期饲喂，用微贮秸秆饲料做牛、羊的基础饲料可随取随喂，不需晾晒和加水且贮存期长。秸秆春新菌液发酵处理秸秆的温度 10～40 ℃，且无论青的或干的秸秆都能发酵。因此，我国南方部分地区全年都可以制作秸秆微贮饲料。春新秸秆高效生物发酵剂，可利用秸秆中的碳水化合物迅速发酵，繁殖快，成酸作用强，具有很好的抗腐败、防霉能力。

5. 发酵的微贮秸秆饲料不易发生霉变，适于保存 秸秆发酵活干菌的保存期长，在常温条件下它可以保存 18 个月，而在 0～4 ℃的条件下，则可保存 3 年左右。秸秆发酵活干菌采用了比较先进的生产工艺，使微生物处于干燥的休眠状态。

6. 微贮原料来源广泛 微贮原料非常广泛，麦秸、稻草、青玉米秸、黄玉米秸、高粱秸、马铃薯秧、红薯秧、无毒野草、各种牧草、青绿水生植物和各种果渣及啤酒糟等。无论干秸秆还是青秸秆，都可以广泛应用。

7. 可加工周期长 制作微贮饲料的季节比青贮要长。青贮制作时间只能在每年很短的收获季节才能进行。同时，青贮制作时也正值农忙时，许多时候青贮制作会同农业争劳力。而制作微贮饲料从理论上来讲，一些地区冬季制作微贮时只要不结冰都可以进行。因此，只要避开夏季高温高湿和冬季结冰的气候，都可以制作微贮饲料。

8. 微贮饲料没有青贮饲料用得更广泛。

（二）微贮饲料制作

制作微贮秸秆饲料大多利用微贮窖进行。微贮窖可以是地下式或半地下式的，应选在土质坚硬、排水良好、地下水位低、距畜舍近、取用方便的地点。微贮窖最好用砖和水泥砌成口大底小的梯形窖，斜度一般以 6～8 度为宜。取新鲜无霉变的秸秆，微贮前必须切短，以便压实，保证微贮饲料的质量，一般玉米秸切成 2～3 厘米长，麦秸和水稻秸可切成 5～6 厘米长。将切短的秸秆装入微贮窖中，每装 20～30 厘米厚，喷洒一遍菌液，要求喷洒均匀，使菌液与秸秆充分接触。用脚踩实或用机械压实。然后继续装入秸秆，装 20～30 厘米厚后，再进行喷洒和踩压，如此反复装料，直至装到高出窖面 30～35 厘米为止。封窖秸秆装好后，一般可在最上层按每平方米 250 克均匀地撒上一层沸石，用较厚的塑料薄膜盖好，塑料薄膜应比窖口要稍大，以便窖内密封。盖好后排除窖内的空气并封严，在塑料布上加盖一层干草，以便保温。然后用泥土封闭压实。封窖后要及时进行检查，防止踩压和深陷，如出现裂缝或漏洞，应及时封堵，以防漏水漏气。在微贮过程中，应防止漏水，否则秸秆易腐烂变质。发酵时间的长短因气温的不同而有一定的变化。一般在 10～40 ℃的气温条件下，经 10～15 天就可完成微贮发酵。开窖利用微贮发酵好后，即可开窖取用。开窖时，应从窖的一端开始，揭开塑料薄膜，由上至下逐段垂直取用。用完后用塑料薄膜封盖好，切忌全部揭开塑料薄膜，否则会有大量的空气进入窖内，容易引起二次发酵，使秸秆发生腐烂变质。

（三）青贮饲料和微贮饲料的区别

1. 处理原理、效果有区别　青贮饲料是在厌氧环境下保持青绿多汁饲草的营养特性，尤其是维生素的损失程度明显低于干草和微贮；微贮饲料是通过微贮杆菌的作用，部分降解木质素，提高原料的适口性和消化率。

2. 处理时间有区别　青贮要求原料含水量为 65％～70％，水分含量较高或过低，青贮极易失败或效果很差，因此青贮有较强的时间限制，要在刚刈割时进行；微贮则对原料水分的要求较宽松，可以常年使用。

3. 处理方法有区别　青贮可以不添加任何物质，成本最低；微贮则需添加菌种和相应辅助物质，但是使用量很小，成本也较低。

（四）微贮饲料的饲喂方法

秸秆微贮后具有特殊的气味，所以在开始饲喂时，家畜对微贮饲料有一个适应过程，应循序渐进，逐步增加微贮饲料的饲喂量，也可采取先将少量的微贮饲料混合在原喂饲料中，以后逐渐增加微贮饲料量的办法，经 1 周左右的训练，即可达到标准喂量。冬季饲喂时，可在前 1 天将微贮饲料取出，放在塑料棚舍或室内提温后再喂，不能直接用冰冻饲料饲喂家畜。为进一步提高家畜的消化率，微贮饲料在饲喂前，最好再用高湿度茎秆揉搓机进行处理，使其制成细碎丝状物后，再饲喂，效果会更佳。奶牛一般每头每天饲喂量为 15～20 千克，微贮饲料不是全价饲料，所以用微贮饲料饲喂家畜时，还必须根据家畜不同阶段的生长发育需要，添加一些其他辅料，配成全价饲料饲喂。

第五节　其他粗饲料加工技术

在奶牛生产中，规模化养殖场使用的粗饲料一般是青贮饲料或干饲草类粗饲料，但小规模饲养户，为了降低成本，充分开发现有饲料资源，也会使用一些不常用粗饲料。现简单介绍几种其他粗饲料加工方法，仅供参考。

一、青绿类粗饲料

这里介绍的青绿饲料主要包括天然牧草、栽培牧草、田间杂草、菜叶类、水生植物和嫩枝树叶等。合理利用青绿饲料，可以节省成本，提高养殖效益。

（一）分类

一般有豆科类、禾本科类、叶菜类和水生类。

（二）青绿饲料使用应注意

依动物种类、年龄和生产用途使用；适时收割；合理搭配精饲料、添加剂；正确的使用方式。

（三）要防止中毒

1. 亚硝酸盐中毒　温度较高时，青绿饲料堆放时间长、发霉腐败、加热或煮后闷放过夜等均会促进细菌将硝酸盐还原成亚硝酸盐。可用1%亚甲蓝（美兰）溶液注射（0.1～0.2毫升/千克体重）解毒。

2. 氢氰酸（HCN）**和氰化物**［NaCN、KCN、Ca（CN）$_2$］**中毒**　如高粱苗玉米苗因含有氰苷配糖体，当这些青绿饲料堆放发霉或霜冻枯萎时，会分解产生氢氰酸。可用1%亚甲蓝或1%亚硝酸钠溶液肌内注射解毒。

3. 草木樨中毒　草木樨中含有香豆素，在细菌作用下合成双香豆素，对维生素K有拮抗作用。常见于牛，可见凝血时间变慢等症状，可用维生素K治疗。

4. 农药中毒　动物食用喷洒了农药后的作物易出现中毒症状，因此应在下大雨后或间隔半个月以上使用饲喂。

（四）青绿饲料的饲喂方法

青绿饲料如果直接饲喂家畜家禽，一定要保证新鲜干净。因为青绿饲料含水量高，不易久存，易腐烂，如不进行青贮和晒制干草，应及时饲用，否则会影响适口性，严重的可引起中毒。

青绿饲料是家畜的良好饲料，但总的来说，单位重量的营养价值并不是很高。同时，由于不同畜禽的消化系统结构和消化生理存在差异，利用方法也有不同。因此，必须与其他饲料搭配利用，以求达到最佳利用效果。由于奶牛有瘤胃和发达的盲肠，对粗纤维的利用能力较强，日粮中可以适当多加一些青绿饲料，辅以适量精料。一般成年牛每头每天用量20～30千克。

二、秸秆类粗饲料

(一) 分类

麦秸、稻草、玉米秸、高粱秸、豆秸和谷草等。

(二) 特点

蛋白质低，粗灰分和粗纤维含量高，不易消化（表 4 - 16）。

表 4 - 16　部分秸秆类粗饲料营养成分

饲料名称	干物质(DM)(%)	总能(GE)(兆焦/千克)	产奶净能(牛)(兆焦/千克)	增重净能(牛)(兆焦/千克)	粗蛋白(CP)(%)	可消化粗蛋白(DCP)(克/千克)	粗纤维(CF)(%)	钙(%)	磷(%)
谷草	86.5	15.15	4.62	—	3.9	—	35.9	0.33	0.66
小麦秸	87.3		4.02	0.04	3.4	—	37	0.16	0.81
玉米秸	86.8	14.52	4.22	2.76	5.0	7	37.6		
稻草	88.2	14.06	—	—	4.1	负值	34.3	1.1	0.60
荞麦秸	84.0	14.27	—	—	4.5	—	38	0.12	0.02
高粱秸	93.1	14.4	5.15	1.97	6.0	5	28.6	0.18	0.16
糜秸	78.5	—	—	—	3.70	—	25.5	0.37	0.18
地瓜秧	89	—	—	—	4.70	—		1.53	0.01
花生秸	90.0	15.56		—	12.2	68	21.8	2.80	0.10
大豆秸	93.2	15.86	3.76	—	8.90	25	39.8	0.87	0.05
大麦秸	87.1	14.69	4.08	—	5.5	3	44.7	0.13	0.02
甘薯藤	86.3		3.28	—	10.3	38	25.7	2.44	0.16
胡麻秆	90.0	15.44		—	3.5		50.8	0.04	0.13

（续）

饲料名称	干物质(DM)(%)	总能(GE)(兆焦/千克)	产奶净能(牛)(兆焦/千克)	增重净能(牛)(兆焦/千克)	粗蛋白(CP)(%)	可消化粗蛋白(DCP)(克/千克)	粗纤维(CF)(%)	钙(%)	磷(%)
绿豆秸	86.5	14.81	—	—	5.9	负值	39.1		
油菜秸	88.5	15.7	—	—	5.2	负值	48.2	0.83	0.04
芝麻秸	89.9	15.3	—	—	3.9	负值	30.9		0.19
红小豆秸	90.5	15.6	—	—	3.0		45.1	0.08	0.06
豇豆秸	25.0	4.35	—	—	4.0	26	5.6		
饭豆秸	92.3	15.9	—	—	3.2		44.6		
蚕豆秸	86.5	15.06	—	—	6.5	3	40.6	0.75	0.08
豌豆秸	29.8	5.23	—	—	4.3	28	9		
燕麦秸	88.6	—	4.64	1.17	3.8	—	36.3	0.24	0.09

（三）玉米秸秆的加工与利用

玉米是供作饲料为主的粮、经、饲兼用作物，玉米秸秆是农业生产的重要生产资源。作为一种资源，玉米秸秆含有丰富的营养和可利用的化学成分，可用作畜牧业饲料的原料。长期以来，玉米秸秆就是牲畜的主要粗饲料的原料之一。有关化验结果表明，玉米秸秆含有30%以上的碳水化合物、2%～4%的蛋白质和0.5%～1%的脂肪，既可青贮，也可直接饲喂。就食草动物而言，2千克的玉米秸秆增重净能相当于1千克的玉米籽粒，特别是经青贮、黄贮、氨化及糖化等处理后，可提高利用率，效益将更可观。据研究分析，玉米秸秆中所含的消化能为2 235.8千焦/千克，且营养丰富，总能量与牧草相当。对玉米秸秆进行精细加工处理，制作成高营养牲畜饲料，不仅有利于发展畜牧业，而且通过秸秆过腹还田，更具有良好的生态效益和经济效益。

玉米秸秆饲料加工技术是采用机械工程、生物和化学等技术手段，完成从玉米秸秆的收获、饲料加工、贮藏、运输和饲喂等过程的技术。近年来，随着我国畜牧业的快速发展，秸秆饲料加工新技术也层出不穷。玉米秸秆除了作为饲料直接饲喂外，现在有物理、化学和生物等方面的多种加工技术在实际中得以推广应用，实现了集中规模化加工，开拓了饲料利用的新途径。加工玉米秸秆有多种技术，现在简要介绍其中主要的 10 种。

1. 玉米秸秆青贮加工技术 属于生物处理技术，是玉米秸秆饲料利用的主要方式。具体加工技术在本章第三节已经有详细介绍。

2. 玉米秸秆微贮加工技术 这也是生物处理方法，在本章第四节已经进行了介绍。

3. 玉米秸秆黄贮加工技术 这是利用微生物处理玉米干秸秆的方法。将玉米秸铡碎至 2～4 厘米，装入缸中，加适量温水闷 2 天即可。干秸秆牲畜不爱吃，利用率不高，经黄贮后，酸、甜、酥、软，牲畜爱吃，利用率可提高到 80%～95%。

4. 玉米秸秆氨化加工技术 氨化是最为实用的化学处理方法，先将秸秆切成 2～3 厘米长，秸秆含水量调整在 30% 左右，按 100 千克秸秆用 5～6 千克尿素或 10～15 千克碳酸氢铵兑 25～30 千克水溶化搅拌均匀配制尿素或碳酸铵水溶液，或按每 100 千克粗饲料加上 15% 的氨水 12～15 千克。分层压实，逐层喷洒氨化剂，最后封严，在 25～30 ℃下经 7 天氨化即可开封，使氨气挥发净后饲喂。氨化秸秆饲料常用堆垛法和氨化炉法制取。氨化处理的玉米秸秆可提高粗纤维消化率，增加粗蛋白，且含有大量的胺盐，胺盐是牛、羊反刍动物胃微生物的良好营养源。氨本身又是一种碱化剂，可以提高粗纤维的利用率，增加氮素。玉米秸秆氨化后喂牛、羊等不仅可以降低精饲料的消耗，还可使牛羊的增重速度加快。

5. 玉米秸秆碱化加工技术　这也是一种化学处理方法，用碱性化合物对玉米秸秆进行碱化处理，可以打开其细胞分子中对碱不稳定的酯键，并使纤维膨胀，这样就便于牲畜胃液渗入，提高了家畜对饲料的消化率和采食量。碱化处理主要包括氢氧化钠处理、液氮处理、尿素处理和石灰处理等。以来源广、价格低的石灰处理为例，100 千克水加 1 千克生石灰，不断搅拌待其澄清后，取上清液，按溶液与饲料 1∶3 的比例在缸中搅拌均匀后稍压实。夏天温度高，一般只需 30 小时即可喂饲，冬天一般需 80 小时。当前发展的是复合化学处理，综合了碱化和氨化两者的优点。

6. 玉米秸秆酸贮加工技术　酸贮也是化学处理方法，在贮料上喷洒某种酸性物质，或用适量磷酸拌入青饲料贮藏后，再补充少许芒硝，可使饲料增加含硫化合物，有助于增加乳酸菌的生命力，提高饲料营养，并抵抗杂菌侵害。该方式简单易行，能有效抵御"二次发酵"，取料较为容易。此法较适宜黄贮，可使干秸秆适当软化，增加口感和提高消化率。

7. 玉米秸秆压块加工技术　利用饲料压块机将秸秆压制成高密度饼块，压缩可达 1∶（5～15），能大大减少运输与贮藏空间。若与烘干设备配合使用，可压制新鲜玉米秸秆，保证其营养成分不变，并能防止霉变。目前也有加转化剂后再压缩，利用压缩时产生的温度和压力，使秸秆氨化、碱化和熟化，提高其粗蛋白含量和消化率，经加工处理后的玉米秸秆成为截面 30 毫米×30 毫米、长度 20～100 毫米的块状饲料，密度达 0.6～0.8 千克/厘米^3，便于运输贮存，适用于"公司＋农户"模式，生产成本低。

8. 玉米秸秆草粉加工技术　玉米秸秆粉碎成草粉，经发酵后饲喂牛羊，作为饲料代替青干草，调剂淡旺季余缺，且喂饲效果较好。凡不发霉、含水率不超过 15％的玉米秸秆均可为粉碎原料，制作时用锤式粉碎机将秸秆粉碎，草粉不宜过细，一般长 10～20 毫米，宽 1～3 毫米，过细不易反刍。将粉碎好的玉米秸秆草粉和豆科草粉按 3：1 的比例混合，整个发酵时间为 1～1.5 天，发酵好的草粉每 100 千克加入 0.5～1 千克骨粉，并配入25～30 千克的玉米面、麦麸等，充分混合后，便制成草粉发酵混合饲料。

9. 玉米秸秆膨化加工技术 这是一种物理生化复合处理方法，其机理是利用螺杆挤压方式把玉米秸秆送入膨化机中，螺杆螺旋推动物料形成轴向流动，同时由于螺旋与物料、物料与机筒以及物料内部的机械摩擦，物料被强烈挤压、搅拌和剪切，使物料被细化、均化。随着压力的增大，温度相应升高，在高温、高压和高剪切作用力的条件下，物料的物理特性发生变化，由粉状变成糊状。当糊状物料从模孔喷出的瞬间，在强大压力差作用下，物料被膨化、失水和降温，产生出结构疏松、多孔和酥脆的膨化物，其较好的适口性和风味受到牲畜喜爱。从生化过程看，挤压膨化时最高温度可达 130～160 ℃。不但可以杀灭病菌、微生物和虫卵，提高卫生指标，还可使各种有害因子失活，提高了饲料品质，排除了促成物料变质的各种有害因素，延长了保质期。

玉米秸秆热喷饲料加工技术是一种类似的复合处理方法，不同的是将秸秆装入热喷装置中，向内通入过饱和水蒸气，经一定时间后使秸秆受到高温高压处理，然后对其突然降压，使处理后的秸秆喷出到大气中，从而改变其结构和某些化学成分，提高秸秆饲料的营养价值。经过膨化和热喷处理的秸秆可直接喂养家畜，也可进行压块处理。

10. 玉米秸秆颗粒饲料加工技术 将玉米秸秆晒干后粉碎，随后加入添加剂拌匀，在颗粒饲料机中由磨板与压轮挤压加工成颗粒饲料。由于在加工过程中摩擦加温，秸秆内部熟化程度深透，加工的饲料颗粒表面光洁，硬度适中，大小一致，其粒体直径可以根据需要在3～12毫米间调整。还可以应用颗粒饲料成套设备，自动完成秸秆粉碎、提升、搅拌和进料功能，随时添加各种添加剂，全封闭生产，自动化程度较高，中小规模的玉米秸秆颗粒饲料加工企业宜用这种技术。另外，还有适合大规模饲料生产企业的秸秆精饲料成套加工生产技术，其自动化控制水平更高。

（四）其他类秸秆粗饲料

其他的秸秆加工技术可以参照玉米秸秆的加工，大多采用以下几种加工方法：

1. 切短　所有秸秆饲料在饲喂之前都应该切短，这样做不但能够减少家畜咀嚼时的能量消耗，而且容易和其他饲料配合利用。秸秆饲料切短的程度应视家畜的种类与年龄而定，奶牛为3～4厘米，老弱病幼畜应更短些。

2. 碾青　将麦秸或其他秸秆饲料铺在场面上，厚30～40厘米，在其上铺一层同样厚度的营养价值较高、家畜比较喜食的青饲料（以紫花苜蓿等豆科牧草为好），然后在青饲料上再盖一层30～40厘米厚的秸秆饲料，用石碾碾压。此法既提高了秸秆饲料的适口性和营养价值，又减少了青饲料调制成干草的时间和养分损失。

3. 制浆　先将秸秆饲料切成2～3厘米长的小段，每100千克加入5千克石灰粉，加水拌匀煮沸，然后再加入6～7千克水煮1小时，捞出用清水漂洗，放入120转/分钟的打浆机内打浆，80分钟即可。此法适于加工调制禾本科秸秆饲料，制得的草浆有甜味、易消化。

4. 蒸煮　此法能够改善秸秆饲料的适口性，软化其中的纤维素。蒸煮的温度为90 ℃、时间为1小时；用于饲喂乳牛时，应加入少量的豆饼和食盐，煮开后 30 分钟即可。

此外，粉碎、浸泡、制成颗粒或块状饲料等方法也可以使用。

三、秕壳类粗饲料

（一）分类

如谷壳、稻壳、高粱壳、花生壳、豆荚和棉籽壳等。

（二）特点

蛋白质较秸秆高，较易消化，见表 4 - 17。

（三）花生壳的加工与利用

花生是世界五大油料作物之一，其生产遍及世界各大洲。近年来，花生产量不断提高，加工利用总量增加，花生的利用途径和范围也逐步拓宽。从我国花生的利用情况看，花生的加工中一直存在着重视其果仁而忽视其皮、壳和饼粕等副产品的利用。除少量作为粗饲料外，大量的花生壳被烧掉或白白扔掉，没有充分合理的利用，浪费了资源。据不完全统计，我国年副产花生壳超过 500 万吨，数量还在猛增。面对这一数量庞大的资源，如何充分利用花生壳，加强其综合开发的力度，对增加经济效益和保护环境有重要意义。

1. 花生壳的营养成分 经过科学工作者多年来的研究发现，花生壳不但营养丰富，还含有多种对人及动物有益的活性成分。据报道，花生壳的最大成分是粗纤维，含量为 65.7%～79.3%，粗蛋白 4.8%～7.2%，粗脂肪 1.2%～1.8%，淀粉 0.7%，还原糖 0.3%～1.8%，双糖 1.7%～2.5%，戊糖 16.1%～17.8%；还含有丰富的矿物质，如含钙 0.20%、磷 0.06%、镁

表 4-17 部分秕壳类粗饲料营养成分

饲料名称	干物质(DM)(%)	总能(GE)(兆焦/千克)	消化能(DE)(猪)(兆焦/千克)	代谢能(ME)(鸡)(兆焦/千克)	产奶净能(牛)(兆焦/千克)	增重净能(牛)(兆焦/千克)	粗蛋白(CP)(%)	可消化粗蛋白(DCP)(克/千克)	粗纤维(CF)(%)	钙(%)	磷(%)
花生壳	89.9	16.5	负值	—	—	—	7.7	15	59.9	1.08	0.07
稻壳	91.0	—	—	—	0.71	—	2.9	—	42.7	—	—
大豆荚	86.5	14.69	1.76	—	7.41	4.9	6.1	负值	33.9	—	—
谷秕	88.2	15.8	8.7	6.3	—	—	7.7	17	18.0	0.15	0.18
谷壳	92.5	15.5	3.6	—	—	—	7	4	31.8	0.33	0.76
油菜荚壳	92.1	15.3	2.18	—	—	—	6.2	负值	40.1	0.19	0.19
油菜籽壳	87.9	14.8	2.60	—	—	—	8.9	负值	42.8	1.94	0.12
芝麻壳	95.1	15.9	10.3	—	—	—	14.9	94	13.7	—	0.39
高粱壳	86.5	—	—	—	—	—	6.72	—	40.49	—	—
小麦壳	92.6	14.7	4.56	—	—	—	2.7	3	43.8	—	—
玉米芯	90.1	15.9	5.1	—	—	—	4.8	负值	26.7	—	—
向日葵盘	89.3	15.0	8.83	6.36	—	—	13.1	负值	28.2	—	—

0.07%、钾 0.57%、氮 1.09%、铁 262 毫克/千克、锰 45 毫克/千克、锌 13 毫克/千克、铜 10 毫克/千克、硼 13 毫克/千克、铝 454 毫克/千克、锶 262 毫克/千克、钡 16 毫克/千克、钠 66 毫克/千克。此外，花生壳中还含有一些活性成分，如 β-谷甾醇、胡萝卜素、皂草苷和木糖等，这些成分具有很强的保健功能，其市场潜力巨大。

2. 用花生壳制作饲料可以利用其中的使用纤维 食用纤维（dietary fiber，简称 DF）是指不能被动物体内源酶消化吸收的可食用植物细胞、多糖；木质素以及相关物质的总和，包括纤维素、半纤维素、果胶类物质、木质素、胶质、改性纤维素、黏质、寡糖、果胶、蜡质、角质和软木质。虽然食用纤维在动物体内不能被消化吸收，但却具有许多特殊的功能和生理作用。研究表明，纤维素在降低血清胆固醇，改善肠道健康，预防高血压、动脉硬化以及清除外源有害物质等一系列生理作用和保健功能方面具有积极作用，被列为"第七大营养素"。花生壳中膳食纤维的含量超过 60%。纤维素是养殖动物必需的营养成分之一，利用花生壳开发养殖动物的食用纤维，不但综合利用了资源，而且降低了生产成本，同时提高了营养价值，是很有开发潜力的一种宝贵的饲料资源。

3. 利用花生壳开发动物饲料 花生壳中含有丰富的粗蛋白、粗纤维及禽畜生长必需的矿物质元素，花生壳可用来做禽畜饲料。但由于其中含有某些对动物有害的化学物质，另外还有 20% 左右的木质素不易被动物消化，甚至影响消化，这就使得花生壳不能直接做饲料。而在国外（如印度）却进行了广泛的研究，并取得了满意的结果。其方法是先将花生壳粉碎，再经化学与生化法处理，使之发生分解，然后再配以米糠、麸皮等，即可制成混合颗粒饲料。另外，也可将花生壳粉与米糠、麸皮等混合发酵后，再制成颗粒状饲料，这些饲料可用于喂奶牛，经济效益显著。美国一家研究所利用废弃的花生壳制造出了一种营养丰富的高蛋白牛饲料，经过试用，效果显著。据介绍，这种牛饲料的制法是先将花生壳粉碎进行蒸煮，晾至 60 ℃左右，加入 1％的干酵母粉和分解细菌，在发酵池内进行发酵，4 天以后过筛，筛选出没有分解的粗壳，已分解成细粉的可用作牛饲料。据测定，这种花生壳饲料蛋白质含量达 18％左右，可消化率在 65％以上，是一种营养高而成本低的奶牛饲料。

（四）稻壳的加工与利用

稻壳是稻米加工过程中数量最大的农副产品，按重量计算约占稻谷的 20％。我国稻谷年产量约 26 000 万吨，稻壳年产量则高达 3 200 万吨，居世界首位。但我国稻壳利用率较低，许多地方将其作为废弃物烧掉或弃置农田，这不但造成极大的资源浪费和巨大的经济损失，而且也产生极大的环境污染。因此，合理利用稻壳，变废为宝，对进一步防治农业污染、改善农村环境意义重大。这里介绍了国内外稻壳综合利用的情况，以期为实现稻壳经济高附加值开发提供参考。稻壳的主要成分是纤维素类和木质素类物质，不易被畜禽消化吸收，因此不适合直接作为饲料投喂动物。目前，国内外研究采用物理或化学方法处理稻壳生产优质饲料，如将稻壳用碱、氨处理或改性、膨化处理去除稻壳中的硅和木质素可改善消化性能。稻壳饲料可分为统糠饲料、膨化稻壳饲料、稻壳发酵饲料和化学处理饲料，其中采用生物技术生产蛋白饲料更为人们所重视。

1. 稻壳发酵饲料　在以稻壳为主的原料，添加适量的米糠、纤维素分解酵母、种曲和磷酸一氢铵，经过发酵糖化，可以加工理想的饲料。具体做法是：在 100 千克稻壳粉中添加米糠 20 千克、磷酸一氢铵3千克、水30千克，种曲50千克和纤维素分解酶100克，将其充分搅拌均匀，然后置于温度为30℃室内培养48小时，即可得到145千克的发酵饲料。这种饲料的蛋白质和碱硝水化合物的含量很高，适口性好，增重快，可作为畜禽的饲料。

2. 稻壳膨化饲料　稻壳经过膨化后做饲料，适口性和消化率都比原来好。操作方法是：取稻壳（含水量12％）500千克，加水50千克，搅拌均匀。另用电热器将密闭型膨化装置加热至200～230℃，然后将拌湿的稻壳连续加入膨化装置中，在压力平均为1.5×10^5帕下压缩10秒，然后瞬间解除压力，则可得到松软呈网片状的膨化稻壳500千克，膨化稻壳可直接与配合饲料配用，也可粉碎后混入饲料，掺水量以5％～20％为宜。

3. 稻壳颗粒饲料　在粉碎的稻壳内添7.5％重量的蜂蜜和水，用制粒机制成直径为8毫米、长7～20毫米的圆柱形颗粒即为成品，其体积内为未加工稻壳的1/6。试验证明，这种饲料完全可以代替稻草喂牛，并且运输和贮藏稻草方便，因而降低饲养中的生产成本，喂给量一般控制在精饲料重量的20％以内。

四、树叶类粗饲料

我国有丰富的林业资源，树叶数量大，大多数都可饲用。树叶营养丰富，经加工调制后，能做畜禽的饲料。树叶按特征可分为针叶、阔叶两大类。树叶含有较高的蛋白质、核酸、脂类和矿物质元素等营养物质，是一种有前景的饲料资源，树叶饲料的开发利用能够解决植物蛋白饲料短缺问题，还为建立低耗、高效和节粮型畜牧业创造条件。

（一）各种树叶的营养成分

树叶的营养成分因树种而异，有的树种，如豆科树种、榆树和构树等叶子中粗蛋白含量较高，按干物质量计，均在 20% 以上（表 4 - 18），而且还含有组成蛋白质的 18 种氨基酸，如松针；而构树、槐树、柳树、梨树、桃树和枣树等树叶的有机物质含量、消化率、能值较高，消化能值能达 8.36 兆焦/千克干物质以上。树叶中维生素含量很高，据分析，柳、桦、榛和赤杨等青叶中，胡萝卜素含量为 110～132 毫克/千克，紫穗槐青干叶胡萝卜素含量可达 270 毫克/千克，针叶中的胡萝卜素含量高达 197～344 毫克/千克，此外还含有大量的维生素 C、维生素 E、维生素 D、维生素 K 和维生素 B_1 等；松针粉含有畜禽所需的矿物质元素；有的树叶含有激素，能刺激畜禽的生长，或含有抑制病原菌的杀菌素等。

表 4 - 18　不同种树叶（鲜叶）的营养含量（占干物质的比例）

项　目	粗蛋白质	粗脂肪	粗纤维	无氮浸出物	粗灰分	钙	磷
松叶	12.1	11.0	27.1	46.8	3.0	1.10	0.22
紫穗槐叶	21.5	10.1	12.7	49.1	6.6	0.18	0.94
杨树叶	22.7	3.2	12.4	54.4	7.3	1.21	0.18
柳树叶	15.6	6.0	12.9	55.9	9.6	1.20	0.21
榆树叶	22.4	2.5	17.3	50.2	7.6	0.97	0.17
构树叶	22.8	6.2	13.4	41.6	16.0	2.44	0.46
合欢叶	25.8	6.4	20.9	39.2	7.7	1.36	0.34
杏树叶	10.1	5.2	8.2	66.3	10.2	1.61	0.23
桑叶	14.4	13.0	22.9	32.9	16.8	2.29	3.00

　　生长着的鲜嫩叶营养价值高；青落叶次之，可用于饲喂反刍家畜，还适宜饲喂单胃家畜和家禽；而枯黄叶最差，仅可勉强饲喂反刍家畜。有些树叶营养成分含量较高，但因含有一些特殊成

分，饲用价值降低。有的树叶含单宁，具苦涩味。如核桃、山桃、李、柿和毛白杨等树种，必须经加工调制后再饲喂。有的树种在秋季叶中单宁含量增加，如栎树、栗树和柏树等树叶，到秋季单宁含量达 3%，有的高达 5%～8%，应提前采摘饲喂或少量配合饲喂，少量饲喂还可起到收敛健胃的作用。有的树叶有剧毒，如夹竹桃等，不能饲喂家畜。树叶的采收的方式及采收时间对树叶的营养成分影响较大。采集树叶应在不影响树木正常生长的前提下进行，切不可折枝毁树破坏绿化。

（二）树叶的采收方法

1. 青刈法　适宜分枝多、生长快和再生力强的灌木，如紫穗槐、横子等。

2. 分期采收法　对生长繁茂的树木，如洋槐、榆、柳和桑等，可分期采收下部的嫩枝、树叶。

3. 落叶采集法　适宜落叶乔木，特别是高大不便采摘的或不宜提前采摘的树叶，如杨树叶。

4. 剪枝法　对需适时剪枝的树种或耐剪枝的树种，特别是道路两边的树和各种果树，可采用剪枝法。

（三）树叶的采收时间

树叶的采收时间依树种而异，下面介绍几种代表性树种采集树叶的时间。

1. 松针　在春秋季节松针含松脂率较低的时期采集。

2. 紫穗槐、洋槐叶　北方地区一般在 7 月底至 8 月初采集，最迟不要超过 9 月上旬。

3. 杨树叶　在秋末刚刚落叶即开始收集，而不能等落叶变枯黄再收集；还可以收集修枝时的叶子。

4. 橘树叶　在秋末冬初，结合修剪整枝，采集橘叶和嫩枝。

（四）树叶的简单加工调制

桑、槐、榆和松等多种树木的叶子，可作为饲料用于饲喂奶牛，成本低廉、适口性好、营养价值高。加工树叶饲料是一条提高养殖经济效益的好途径，这里简单介绍几种树叶的加工调制方法。

1. 发酵　先用适量的水将发面 1 千克调成糊状，再加入 15 千克米糠拌匀，以手捏成团、松手即散为度。发酵 24 小时后，加入洗净切碎的树叶 50 千克、酒糟 10 千克，充分搅拌均匀，湿度以手捏成团、指缝见水为度。如过于干燥可加水，湿度过大可加米糠调节。然后，装入缸或发酵池内，边装边踏实，装满后覆盖遮盖物，温度保持在 40～50 ℃，发酵 48 小时后便可饲用。

2. 盐浸　先将树叶洗净、晒干和切碎，然后一层树叶一层食盐分层装入容器中，压实，盐的用量为 5%。此法制作的树叶饲料不易腐败，带有咸、香味。

3. 青贮　青贮容器可用缸、桶、水泥池和塑料袋等。先将树叶洗净、晒干和切碎，再一层一层装入青贮容器中，边装边踏实，特别是边缘更要填实。如树叶水分过多，可加入 10% 的谷糠混合青贮。方法是把谷糠拌入树叶内，也可一层树叶一层谷糠分层放。若树叶含水量太低，应人工喷水调节。在加到离容器口15 厘米高时，盖上塑料布，堆泥土封严。之后，要经常查看容器口，有泥土下陷的地方要及时修补以保持容器不透气、不进水。在青贮时，最好加入专门用于提高青贮饲料品质的活菌制剂。

4. 水贮　将树叶切碎并分层装入水池中，踏实压紧，在上面压石块，再加入清水或粉浆，使液面超出树叶面 6 厘米左右，并保持这一水面高度，使之不与空气接触，几天后即可饲用。

5. 干制 将收集的树叶晒干或烘干，经粉碎后便可直接饲喂。但贮存时必须注意防潮、防霉，以防树叶变质。

（五）树叶的深度加工与利用

1. 针叶粉

（1）饲用价值。针叶粉含有一定量的蛋白质和较高的维生素，尤其是胡萝卜素含量很高，对畜禽的生长有明显的促进作用，并能增强畜禽的抗病力，提高饲料的利用率。据报道，喂奶牛，产奶量可提高 7.4%，牛奶的味道正常。

（2）针叶粉的生产工艺。

① 原料的贮运。针叶采集后要保持其新鲜状态，含水量为 40%～50%。原料贮存时要求通风良好，不能日晒雨淋，采收到的原料应及时运至加工场地，一般从采集到加工不能超过 3 天，以保证产品质量。

② 脱叶。对树枝上的针叶，应进行脱叶处理。脱叶分手工脱叶和机械脱叶。手工脱下的针叶含水量一般为 65% 左右，杂质含量（主要指枝条）不超过 35%；机械脱下的针叶含水量为 55% 左右，杂质的含量不超过 45%。

③ 切碎。用切碎机将针叶切成 3～4 厘米，以破坏针叶表面的蜡质层，加快干燥速度。

④ 干燥。可采用自然阴干或烘干。烘干温度为 90 ℃，时间为 20 分钟。干燥后应使针叶的含水量从 40%～50% 降到 20%，以便粉碎加工和成品的贮存运输。

⑤ 粉碎。用粉碎机将针叶加工成 2 毫米左右的针叶粉，针叶粉的含水量应低于 12.5%。生产针叶粉的主要设备有脱叶机、切碎机、厢式干燥机和粉碎机。

（3）针叶粉的贮存。针叶粉要用棕色的塑料袋或麻袋包装，防止阳光中紫外线对叶绿素和维生素的破坏。另外，贮存场所应保持清洁、干燥和通风，以防吸湿结块。在良好的贮存条件下，针叶粉可保存 2～6 个月。

（4）针叶粉的质量标准。针叶粉的外观为浅绿色，有针叶香味。目前，在我国评定针叶粉的质量尚无统一标准，主要借鉴的是国外标准。

（5）饲喂方法。

① 针叶粉作为添加饲料适用于各类畜禽，可直接饲喂或添加到配混合饲料中。针叶粉应周期性地饲用，连续饲喂 15～20 天，然后间断 7～10 天，以免影响畜产品质量。

② 饲喂量。松针粉中含有松脂气味和挥发性物质，在畜禽饲料中的添加量不宜过高，奶牛一般控制在 10%～15%。

（6）针叶浸出液。饲喂针叶浸出液，不仅能促进畜禽的生长，而且还能降低羊的支气管炎和肺炎的发病率，增加食欲和抗病能力。因此，又称针叶浸出液为保健剂。

① 浸出液的制作。将针叶粉碎，放入桶内，加入 70～80 ℃的温水（针叶与水的比例为 1∶10）。搅拌后盖严，在室温下放置 3～4 小时，便得到有苦涩味的浸出液。

② 饲喂。针叶浸出液可供家畜饮用，也可与精料、干草或秸秆混合后饲喂。家畜对浸出液有一个适应过程，开始应少量，然后逐渐加大到所要求的量。一般奶牛日给饲量 5～6 升，此外，针叶也可不经加工，连同嫩枝一同直接饲喂，牛、羊、鹿和猪也很喜食。

2. 阔叶的加工利用

（1）糖化发酵。将树叶粉碎，掺入一定量的谷物粉，用40～50℃温水搅拌均匀后，压实，堆积发酵 3～7 天。发酵可提高阔叶的营养价值，减少树叶中单宁的含量。

（2）叶粉。叶粉可作为配合、混合饲料的原料，在饲料中掺入的比例为 5%～10%。

（3）蒸煮制料。把阔叶放入金属筒内，用蒸汽加热（180 ℃左右）15 分钟后，树叶的组织受到破坏，利用筒内设置的旋转刀片将原料切成类似"棉花"状物。这种饲料适合喂奶牛、羊，在饲料中掺入的比例为 30%～50%。

（4）膨化、压制成颗粒。

第五章
奶牛 TMR 的配制要求

第一节 饲喂 TMR 奶牛分群的原则

奶牛的合理分群，是保证牧场效益及保证奶牛健康的基石；也是 TMR 使用的前提。因为服务的是整个牛群，而不是单个牛只。奶牛的分群原则有以下几个方面。

一、奶牛的分群

（一）0～6 月龄犊牛的分群

母牛分娩结束后，工作人员记录母牛的耳号及产犊日期、时间、产犊过程（难产或顺产）及犊牛性别。母子要在半小时后分开，0～60 天断奶要单独饲养，新生犊牛及时转圈到犊牛舍，并做相关记录。犊牛在满 2 月龄时，对其体重、身高等生长指标进行监测，每月做一次。犊牛断奶后 7～10 天转圈到后备牛舍，并做相关记录。

后备牛舍为刚断奶犊牛的观察区，2～3 月龄犊牛每圈放 15～18 头断奶犊牛。每个圈设有一个精料槽，保证 24 小时不断精料，并保证精料槽的干净以及充足饮水。断奶犊牛根据体况每月 1～2 次分群。犊牛满 6 月龄（不能低于 4 月龄）时移交给育种部门、饲养部门和兽医部门，并做好相关记录。

犊牛分群的基本原则：

1. 断奶以前每栏一头在犊牛岛饲养或每栏 5～6 头在犊牛舍隔栏饲喂。

2. 断奶后 4 月龄以前的犊牛在断奶犊牛舍每栏 10～15 头饲喂。

3. 4 月龄以上的犊牛各牧场根据圈舍情况每群分为 30～50头饲喂。

4. 犊牛每月最少一次按体格大小调整分群。

(二) 6～24 月龄后备牛的分群

6～24 月龄的育成牛和青年牛：每栏分群 50～70 头（依据每个牧场的情况定），每月调整一次牛群，分群原则：

1. 体格大小一致的同群。

2. 参配牛同群。

3. 怀孕牛同群。

4. 每圈牛头数要小于牛颈夹数确保同圈牛能够同时采食。

5. 瘦弱牛只单独饲养。

(三) 围产牛分群

干奶前期牛（刚干奶牛）放在同一个牛舍便于干奶后跟踪观察，临产前（21±3）天的干奶牛转入围产牛舍，青年牛产犊前发现有水肿的牛只 15 天就可以转群，（20±3）天转入围产牛舍。每 2 天转一次牛。

围产牛分群原则：青年牛（头胎牛）、成乳牛围产期分栏饲养；牛头数应少于牛饲喂栏数的 5%～10%。

围产牛的转群原则：

1. 及时转距预产期（21±3）天的围产牛（头胎牛和干奶牛），记录头数和耳号，并通知相关部门。

2. 每次转牛前对单耳牌或无耳牌的牛进行耳号核对并做补耳牌工作。

3. 转围产牛时，及时通知并监督兽医部门做好梭菌疫苗的免疫工作。

4. 发现病牛及时通知兽医部门。

5. 发现流产牛及时通知接产员并转到产房。

（四）泌乳牛分群原则

泌乳期牛分群、转圈次数越少越好；给初产牛以距挤奶厅最近、最舒适的牛舍；乳房炎牛治愈后独群饲养、最后挤奶；支原体、金黄色葡萄球菌的乳房炎牛治愈后隔离独群饲养，独立挤奶厅挤奶；牛头数占牛卧床数量的 97% 以下；牛头数应少于牛饲喂栏数的 5%～10%。

1. 初产牛 产后 21 天以内的泌乳牛，可据情况将 60 天以内的牛划为初产牛；产后收集完初乳后健康的牛立即转入初产牛舍，头胎牛与经产牛不同牛舍分群饲养。

2. 高峰期牛 DIM 60～240 天的泌乳牛；平均单产在 25～30 千克的牛，150 天以前不动群。DIM 150 天以后根据繁殖情况、体况评分、产量等分群。其中，个别低产肥牛须转到后期牛舍。

3. 中产牛 DIM 240～300 天的泌乳牛，平均单产在 20 千克左右的奶牛。

4. 后期牛 体况评分＞3.75，DIM＞300 天，产奶量＜20 千克的泌乳牛。其中，连续 3 次产量低于 5 千克的牛须提前干奶。

二、奶牛分群应注意事项

使用 TMR 技术必须进行分群，牛群如何划分，理论上讲，牛群划分的越细越有利于奶牛生产性能的发挥。但是，在实践中必须考虑管理的便利性，牛群分的太多就会增加管理及饲料配制的难度、增加奶牛频繁转群所产生的应激；划分跨度太大就会使高产牛的生产性能受到抑制、低产牛营养供过于求造成浪费。

那么如何分群，对于大型牛场可分为：（3～6 月龄）犊牛群、（7～12 月龄）育成牛群、（13 月龄到产前）青年牛群，干奶牛可分干奶前期（停奶到产前 21 天）和干奶后期（产前 21 天到产犊），产奶牛可分为产后升奶群（产犊～30 天）、高产群、中产群、低产群，有条件的牛场头胎青年牛可以单独划分。中小型牛场可以根据实际情况具体确定，一般来说牛群的头数不宜过多（100～200 头），同性状的牛可以分组饲喂；群间的产奶差距不宜超过 9 千克。

分群前要进行摸底，测定每头牛的产奶量、查看每头牛的产奶时间、评估奶牛的膘情。首先根据产奶量粗略划分，然后进行个别调整，刚产的牛（产后 1 月内）即使产奶不高，因其处在升奶期，尽可能将其分在临近的高产群；偏瘦的牛为了有效恢复膘情要上调一级。

三、奶牛分群是饲喂 TMR 日粮的基础

牛群分群的日粮是将营养需要相近的一群牛分在一栏，饲喂同一种 TMR 日粮。

合理的分群对保证奶牛健康、提高产奶量以及提高饲料效率、控制饲料成本都非常必要。按产奶阶段可分为早期、后期，按胎次可分为头胎牛和经产牛，生产阶段分为干奶期（前期、后

期)、围产期和产奶期。具体牛场因规模不同、牛舍结构不同，可以根据实际管理的可行性进行合理分群。要定期（一般为一个月左右）对个体的产奶量、乳成分、体况进行检测评定，及时调整牛群。但也不宜过于频繁，以减少牛群频繁分群造成应激反应。

例：某 500～600 头存栏奶牛的分群饲养方案，如表 5－1所示。

表 5－1　500～600 头存栏奶牛的分群饲养方案

牛群	饲养方案
高产牛群	高产 TMR 日粮
头胎产奶牛	
低产牛群	低产 TMR 日粮
过渡牛群（产前或产后一周）	
干奶牛、怀孕后期育成牛	TMR（精料、青贮、部分干草），干草自由采食
育成牛、犊牛	TMR（精料、青贮、部分干草），干草自由采食
哺乳犊牛	定量喂奶、开食料、水自由采食

四、各个饲养期饲养要点

（一）围产前期（产前 2～3 周）

奶牛的干物质采食量下降（大体型牛 10.5 千克/天），可是由于胎儿的生长及泌乳的临近，奶牛对蛋白和能量总量的需求却在增加。必须使用围产前期料，目标就是满足营养需求、调整瘤胃微生物及瘤胃柱状绒毛（它可以吸收瘤胃中的挥发性脂肪酸）的生理功能，以便能够在精料比例增大，采食量波动不定、下降的情况下瘤胃能有较好的功能。要注意日粮的适口性，日粮应该含15%的粗蛋白、0.7%钙、0.3%磷、32%～34%的非结构性碳水化合物（3～3.5千克的谷物）、适当长度的有效纤维，每天每头牛日粮中供给2.25千克的优质干草是非常有益的，日粮中平衡的矿物元素对预防产褥热至关重要。

（二）新生期（产后 0～30 天）

新生牛采食量较低，可是营养需求却较高，新生期最主要的目标就是在有效预防代谢疾病、保持瘤胃有良好功能的基础上，满足营养需求，攻克产奶高峰。

通常在制作新生牛日粮配方时，饲草 NDF 的含量要略高于高产日粮，应有 2 千克长干草。新生期是这一胎次泌乳的关键时期，投入越高回报也越大。为了预防酮病，使奶牛达到一理想产奶高峰，一些添加剂的使用是非常必要的，如丙酸钙、烟酸和瘤胃保护胆碱等。

（三）高峰期（产后 30～150 天）

这段时期，奶牛只有达到理想的采食高峰才能有理想的产奶高峰，饲养的目标就是在维持产奶高峰的同时使奶牛适时受孕。日粮中必须给奶牛提供合适比例的有效纤维以满足高产的需要，精粗比例掌握在 60：40 左右，粗蛋白水平 16%～18%、钙 1%、磷 0.52%。头胎青年牛如果能单独分群饲养能够有效提高产奶量（5%～10%），这一方面由于营养因素，另一方面由于社会因素。头胎青年牛产奶量略低于高产奶牛，干物质采食量也略低于高产牛。现在饲养的最主要目标就是培养高产群，因此头胎青年牛培养目标主要是体型。

（四）泌乳中期（产后 150～210 天）

此段时期奶牛已经怀胎，产奶量逐渐下降。如果饲喂不足就会导致产奶损失，但是过度饲喂也是非常有害，一方面会造成浪费；另一方面过肥容易在下一胎发生代谢病，影响产奶量。应视牛群的生产水平确定精粗比例（50～45）：（50～55），粗蛋白水平在 16% 左右。产奶后期（产后 210～305 天）由于产奶量的下降，奶牛对营养的需求也在下降，日粮中应该提高粗饲料的比例，精粗比为（30～35）：（70～65），粗蛋白水平在 14% 左右，主要的目标就是预防奶牛过肥。

（五）干奶牛

干奶期主要是为下一泌乳期做准备，为了控制奶牛体况、恢复瘤胃功能，提供一些长干草是非常有必要的。该期日粮目标维持奶牛的体况分 3.5～3.75，做到不减不增，日粮以粗料为主，应该给奶牛提供矿物元素平衡、蛋白充足的日粮。

五、有效使用 TMR 技术

1. 测定奶牛的平均体重、产奶量，评定牛群膘情，根据这些数据来制定期望产奶量的日粮配方。

2. 评估牛群体况，如果必要，根据体况增减日粮的能量浓度。

3. 预测干物质和饲草中性洗涤纤维（NDF）的采食量，确定各种饲草干物质的用量。一定要明白奶牛采食的是一定数量的营养而不是一定比例的营养，提供营养的饲料必须是奶牛能吃得完的量。

4. 在粗饲料的基础上，计算谷物饲料和矿物添加剂的用量，以平衡奶牛的营养需求。

六、TMR 日常饲喂的注意事项

1. 以干物质为基础计算饲草和其他一些高水分原料的用量，水分分析仪是非常有必要的，应时常地监测原料水分含量变化，常规情况下至少每周测定一次，当饲草有变化时要及时分析。TMR 就是给奶牛提供营养平衡、干物质所占比例一致的日粮，因此，当饲草水分含量增加时，为保持干物质所占比例不变就必须增加饲草的用量。TMR 体积有变化或饲喂后剩草有变化，都应该引起饲养人员的警觉，这有可能是原料的干物质含量有变化。为调整体况，有时会给奶牛提供营养浓度高于或低于生产水平的日粮，这有可能会引起产奶量的下降。在天气有变化时，有些农场通过体积而不是重量来确定饲草的用量。

2. 明确牛群中的奶牛数量，根据奶牛头数增减 TMR 的投放量。

3. 根据日常的采食水平调整 TMR 的用量，必须按比例增减原料用量，最有效确定采食量的方法是增减牛群的牛头数，如果实际采食量和理论采食量有 5% 的差距，那么就应该请营养专家从新调整。

4. 保持 TMR 的新鲜度，尽可能减少 TMR 的存放时间，特别是天气较热时，最好在饲喂前加工。

七、TMR 的一些其他问题

(一) 测量工具的校对

检测 TMR 搅拌车的称重系统，称重器在装满原料和空车时都应该准确，许多人发现已知重量的原料容易添加，例如 50 千克包装的原料，但是放在料仓的原料不好确定。校对及添加方法参考饲料搅拌车操作指南，或根据自己的实际情况而定。

（二）以合适的顺序添加原料避免出现过度混合

TMR 日粮中含有适当长度的纤维是非常重要的，从这个角度考虑干玉米秸、长干草和一些高纤维饲草应最后添加。但是，从搅拌车的加工情况考虑，除非有另外的饲草加工设备，否则干草必须首先添加。当采用螺旋式搅拌机，混合 5 分钟就足够，15～20 分钟有可能太多，具体混合时间应根据饲草情况参阅混合机操作指南，如果还不太明白日粮的混合状况，在使用前以正确的配方少量搅拌，通过手感比较（视觉或采用宾州筛）它和标准搅拌情况的差异，再确定具体搅拌时间。

（三）避免出现空槽

剩草应该和刚添入的日粮性质一致，食槽中如果只剩玉米秆或一些长纤维就应该视为空槽，如果经常出现空槽就有可能导致采食不足和瘤胃酸中毒。正确的供量标准，应该是剩草中有能吃但还未采食的日粮。

（四）供给足够的采食槽位、增加填料次数

每头牛至少应有 46～61 厘米的采食槽位，每天应该撒料6～8 次，要特别关注边缘食槽。

（五）饲喂时间

在奶牛需要采食时，饲喂最为有效（挤奶后），但是有些农场采取一天添加一次日粮的饲喂方式，在有足够采食通道的情况

下这种方案也是可行的。大多数营养专家认为，少饲勤添可以有效提高干物质采食量。

（六）警惕挑食

奶牛经常会用鼻子拱动日粮，从底部挑食精料，这样就会造成采食不均，不能发挥出 TMR 的效用，还可能会引起瘤胃酸中毒。日粮的水分含量对挑食影响非常大，日粮越干越容易发生挑食，可以通过加水使日粮的干物质含量从 50％以上降到 43％来控制挑食。同时，日粮太过粗糙（尤其是切的比较粗的玉米青贮）也容易发生挑食。少饲勤添也可以有效预防挑食。

第二节　奶牛 TMR 的配方设计方案

一、奶牛 TMR 配方设计要求

（一）根据不同群别的营养需要

设计 TMR 考虑 TMR 制作的方便可行，一般要求调制 5 种不同营养水平的 TMR 日粮，分别为高产牛 TMR、中产牛 TMR、低产牛 TMR、后备牛 TMR 和干奶牛 TMR。在实际饲喂过程中，对围产期牛群、头胎牛群等往往根据其营养需要进行不同种类 TMR 的搭配组合。

1. 对于一些健康方面存在问题的特殊牛群，可根据牛群的健康状况和进食情况饲喂相应合理的 TMR 日粮或粗饲料。

2. 考虑成母牛规模和日粮制作的可行性，中低产牛也可以合并为一群。头胎牛 TMR 推荐投放量按成母牛采食量的 85％～95％投放。具体情况根据各场头胎牛群的实际进食情况做出适当调整。

3. 哺乳期犊牛开食料所指为精料，应该要求营养丰富全面，适口性好，给予少量 TMR，让其自由采食，引导采食粗饲料。断奶后到 6 月龄以前主要供给高产牛 TMR。

（二）TMR 工艺配方制作关键点

1. 配方的制作必须考虑两个因素，一是必须满足奶牛维持及生产的营养需求，二是必须满足奶牛的饱腹感。需要确定干物质采食量、精粗比。

2. 干物质采食量的确定是配制 TMR 的重中之重，是确定日粮营养浓度的基础，奶牛干物质采食量与奶牛体重、生产性能（产奶量）、生产阶段以及粗饲料的质量都有很大关系。

传统饲喂对精饲料的给量较为重视，但对青草的采食量较为模糊。所以，在没有严格测定的情况下，大多数人对奶牛的干物质采食量估计不准。在制作 TMR 配方时，首先必须确定奶牛的干物质采食量，严格干物质采食量的计算必须以数据为依据，必须明确奶牛的体重与标准乳的产量。体重可以通过地秤及体重测量尺估算，标准乳量可以记录日产奶量折算。

《奶牛饲养标准》推荐产奶牛干物质需求：

适用于偏精料型日粮的参考干物质采食量（千克）
$$=0.062W^{0.75}+0.40Y$$

适用于偏粗料型日粮的参考干物质采食量（千克）
$$=0.062W^{0.75}+0.45Y$$

式中：Y——标准乳重量，单位为千克（kg）；W——体重，单位为千克（kg）。

4%乳脂率的标准乳（FCM）（千克）
$$=0.4\times奶量（千克）+15\times乳脂量（千克）$$

如果奶牛实际干物质采食量低于预计采食量，那么就会造成配制日粮的营养浓度偏低，奶牛食入营养不能满足生产的需求，长期饲喂不仅影响产奶量，还会使牛群体况下降；相反，如果实际采食量大于预计采食量，就会造成配制日粮营养浓度偏高，超出奶牛生产需求，一方面造成浪费，另一方面会增加代谢疾病发生率。

二、奶牛 TMR 饲料选择

（一）粗料

包括青干草、青绿饲料和农作物秸秆等。具有容积大、纤维素含量高和能量相对较少的特点。一般情况粗料不应少于干物质的 50％，否则会影响奶牛的正常生理机能。具体粗饲料的相关知识前文已有表述。

（二）精料

包括能量饲料、蛋白质饲料以及糟渣类饲料，含有较高的能量、蛋白质和较少的纤维素，它供给奶牛大部分的能量、蛋白质需要。

1. 精饲料的控制　奶牛日粮中精饲料比例过高，不仅使奶牛饲养成本上升，而且还将导致物质代谢障碍、乳脂率下降。当精料比例超过 0.5％时，奶牛瘤胃中发酵被抑制，乳脂率下降 0.2％～0.3％，蛋白质和矿物质代谢紊乱。因此，要使奶牛营养平衡，应在满足机体对能量和生物活性物质需要的前提下，最大限度地使用优质、大容积饲料。精饲料主要用来平衡奶牛日粮的能量和蛋白质程度。

奶牛日粮中的精料含量随产奶量的增高而上升。试验证实，年产奶 2 500～3 000 千克奶牛的精饲料占日粮 14％～18％，年产奶 3 500～4 000 千克奶牛的饲料中精饲料占日粮 21％～25％，年产奶 4 500～5 000 千克奶牛的饲料中精饲料占日粮为 30％～35％，年产奶 5 500～6 000 千克时其比例为 37％～39％。高产奶牛日粮中精饲料的比例应增高，因为大容积饲料影响奶牛对干物质的采食量。奶牛日产奶 10 千克以下时可完全饲喂大容积饲料，10 千克以上时就要视产奶量而适量加喂精料。

大容积饲料（粗饲料和多汁饲料）的数量不足和品质差时将增加奶牛精饲料的耗费。如干草品质好时，奶牛日产奶 20 千克，每产 1 千克奶需喂给 250 克精料；而干草品质较差时，获得同样多的产奶量，奶牛需要耗费 500 克精料。有优质干草、青贮料、块根饲料和牧场牧草的条件下，奶牛年产奶 3 000～4 000 千克时，每产 1 千克牛奶耗费精料仅 100～200 克。试验表明，含有优质干草的奶牛日粮能够降低 40％的精料消耗，牛奶成本减少14％。因此，降低奶牛日粮中的精料比例，应以保证大容积饲料的数量和品质为前提。

在奶牛生产中，应依据每年不同时期的饲养特点来调整精料成分，以满足产奶量的营养需要。夏季放牧期，在合理利用牧场及饲用青草的条件下，青草干物质中粗蛋白含量在 14％以上时，对日产奶 20 千克的奶牛是足够的。这时精料合成应减少或不用蛋白质含量高的饼粕类饲料，而利用容易水解的碳水化合物以及矿物质元素平衡奶牛日粮，使奶牛能有效利用青饲料中的蛋白质。奶牛夏季精饲料应作为产奶的能量来源，日产奶 12～15 千克以上的奶牛应加喂精饲料。依据牧草的品质判断精料用量，在牧草可消化粗蛋白含量为 12％～14％、粗纤维含量为 22％～25％的情况下，每产 1 千克牛奶只需加喂精料 100～150 克；在牧草等可消化粗蛋白含量为 10％～12％、粗纤维含量为 30％以上的情况下，每产 1 千克牛奶需加喂 250～300 克精料。

为合理地利用精饲料，应依据奶牛的各个泌乳期而判别精料的适宜用量。在泌乳前期（1～100 天），精料的饲喂量应占精料总喂量的 44%～45%；在奶牛泌乳中期（101～200 天），应占 36%～37%；在泌乳后期（201～305 天），应占 18%～20%。奶牛年产奶 3 000～5 000 千克时，每产 1 千克奶，泌乳前期喂给精料 200～400 克，泌乳中期喂给 160～360 克，泌乳后期喂给 130～250 克。

2. 精粗饲料的搭配　饲养好泌乳期的奶牛，关键是要合理地搭配精粗饲料。一般来说，粗料主要提供奶牛所需要的粗纤维和其他养分，而精饲料主要提供奶牛所需要的能量、蛋白质和矿物质等养分。如按整个日粮总干物质计算，奶牛日粮中精粗料比为 50：50；粗料质量不好时，则精粗料比为 60：40。

在生产实践中，一般根据奶牛日产奶量来确定精粗料的配比。如日产奶量为 10 千克时，精粗料比为 30：70，日喂混合精料 4 千克；每天产奶 15 千克时，精粗料比仍以 30：70 为宜，但精料喂量应增加到 5.6 千克；日产奶量 25 千克时，精粗料比约为 55：45，精料喂量 9 千克；每天产奶达 30 千克时，精粗料比变为 60：40，精料的喂量应达到 13.2 千克。奶牛的产奶量越高，应投喂精料的量越多。

优质干草和玉米青贮秸是饲喂奶牛的主要饲料。长期用青贮料喂奶牛可保持其产奶量稳定，日粮营养物质易平衡。一般成年泌乳期奶牛每天每头喂青贮 15～25 千克，同时加喂 2.5～4.5 千克牧草或野草；干奶期每天每头牛喂 10～15 千克青贮，另外加 2～3 千克干草。如果是生长期的奶牛，3～6 月龄每天每头喂青贮 5～10 千克，6～12 月龄奶牛喂 10～15 千克；12～18 月龄生长母牛喂 20～25 千克。同时，喂给一定量的干草和精料以达到营养平衡。

（三）补加饲料

一般包括矿物质添加剂、饲料添加剂等，占日粮干物质的比例很少，但也是维持奶牛正常生长、繁殖、健康和产奶所必需的营养物质。

三、TMR 日粮配合原则

1. 将牛群划分高产群、中产群、低产群和干奶群，然后参考《奶牛饲养标准》为每群奶牛配合日粮。在饲喂时，再根据每个牛的产乳量和实际健康状况适当增减喂量，即可满足其营养需要。对个别高产奶牛可单独配合日粮。在散栏式饲养状况下，也可按泌乳不同阶段进行日粮配合。

2. 日粮配合必须以奶牛饲养标准为基础，充分满足奶牛不同生理阶段的营养需要。

3. 饲料种类应尽可能多样化，可提高日粮营养的全价性和饲料利用率。为确保奶牛足够的采食量和消化机能的正常，应保证日粮有足够的容积和干物质含量，高产奶牛（日产奶量 20～30 千克），干物质需要量为体重的 3.3%～3.6%；中产奶牛（日产奶量 15～20 千克）为 2.8%～3.3%；低产奶牛（日产奶量 10～15 千克）为 2.5%～2.8%。

4. 日粮中粗纤维含量应占日粮干物质的 15%～24%，否则会影响奶牛正常消化和新陈代谢过程。这要求干草和青贮饲料应不少于日粮干物质的 60%。

5. 精料是奶牛日粮中不可缺少的营养物质，其喂量应根据产奶量而定，一般每产 3 千克牛奶饲喂 1 千克精料。奶牛常用饲料最大用量：米糠、麸皮 25%，谷实类 75%，饼粕类 25%，糖蜜为 8%，干甜菜渣 25%，尿素为 1.5%～2%。

6. 配合日粮时必须因地制宜，充分利用本地的饲料资源，以降低饲养成本，提高生产经营效益。

四、TMR 日粮配合方法及制作技术

应先了解奶牛大致的采食饲料量，从奶牛饲养标准中查出每天营养成分的需要量，从饲料成分的需要量，从饲料成分及营养价值表中查出现有饲料的各种营养成分。根据现有各种营养成分进行计算，合理搭配，配合成平衡日粮。

奶牛 TMR 饲料具体制作技术：

(一) 饲料配方制作

TMR 配方一般由专业人士或畜牧技术人员制定。根据牛场实际情况，牛群的大小和产奶牛泌乳阶段、产量、胎次、体况等因素，饲料资源及其营养特点等合理制作 TMR 配方。根据牛群每天采食量多少和 TMR 搅拌机的容积，决定一次搅拌时各种饲料原料的填充量。

(二) 混合加工

根据 TMR 饲料制备机使用说明，依次添加各种饲料原料（卧式与立式的填料顺序不同），合理掌握搅拌时间。掌握搅拌时间的原则是确保搅拌后 TMR 中至少有 20% 的粗饲料长度大于 3.5 厘米。一般情况下，最后一种饲料加入后搅拌 5～8 分钟。

(三) 水分控制

保证含水率为 40%～50%，偏湿奶牛采食量会受到限制，偏干饲料不仅适口性受到影响，采食量也受到限制。

（四）质量评价

搅拌后质量好的 TMR 饲料，精粗饲料混合均匀，松散不分离，色泽均匀，新鲜不发热，无异味，不结块。

（五）注意事项

首先，饲料制备机的搅拌量要适宜，避免装载过多，影响搅拌效果。通常装载量占总容积的 60%～75% 为宜。其次，严格按日粮配方，保证各原料精确给量，定期校正计量控制器。再次，根据饲料原料含水量，掌握控制 TMR 日粮水分。最后，防止铁器、石块和包装绳等杂质混入搅拌车，造成机械损伤。

五、TMR 日粮配合范例

例：某场奶牛平均体重 600 千克，日平均产 3.5% 乳脂奶 20 千克，试配合其日粮。

（一）试差法日粮配合和步骤

第一步，查奶牛营养需要表（表 5－2）。

表 5－2　奶牛营养需要表

项目	奶牛能量单位（NND）	可消化粗蛋白质（DCP）(克)	钙（克）
600 千克体重维持需要	13.73	364	36
日产乳脂 3.5% 20 千克奶需要	18.6	1 040	84
合计	32.33	1 404	120

第二步，根据当地饲料营养成分含量列出所用饲料的营养成

分。如表5-3所示，粗饲料营养成分表。

表5-3 粗饲料营养成分表（每千克饲料含量）

饲料种类	奶牛能量单位（NND）	可消化粗蛋白质（DCP）（克）	钙（克）	磷（克）
苜蓿干草	1.54	68	14.3	2.4
玉米青贮	0.25	3	1.0	0.2
豆腐渣	0.31	28	0.5	0.3
玉米	2.35	59	0.2	2.1
麦麸	1.88	97	1.3	5.4
棉籽饼	2.34	153	2.7	8.1
豆饼	2.64	366	3.2	5

第三步，计算奶牛食入粗饲料的营养。每天饲喂玉米青贮25千克、苜蓿干草3千克、豆腐渣10千克，可获如下营养（表5-4）。

表5-4 进食粗料的营养表

饲料种类	数量（千克）	奶牛能量单位（NND）	可消化粗蛋白质（DCP）（克）	钙（克）	磷（克）
苜蓿干草	3	×1.54=4.62	×68=204	×14.3=42.9	×2.4=7.2
玉米青贮	25	×0.25=6.25	×3=75	×1.0=25	×0.2=5
豆腐渣	10	×0.31=3.1	×28=280	×0.5=5	×0.3=3
合计		13.97	559	72.9	15.2
与需要比尚缺		−18.36	−845	−47.1	−67.8

第四步，不足营养用精料补充。每千克精料按含2.4能量单位（NND）计算，补充精料量应为：18.36/2.4=7.65。如饲喂玉米4千克、麸皮2千克、棉籽饼2千克，其精料营养表如

表 5-5所示。

表 5-5　精料营养表

饲料种类	数量（千克）	能量单位（NND）	可消化粗蛋白质（DCP）（克）	钙（克）	磷（克）
玉米	4	×2.53＝9.4	×59＝236	×0.2＝0.8	×2.1＝8.4
麦麸	2	×1.88＝3.76	×97＝194	×1.3＝2.6	×5.4＝10.8
棉籽粕	2	×2.34＝4.68	×153＝306	×2.7＝5.4	×8.1＝16.2
合计		17.84	736	8.8	35.4
粗料营养		13.97	559	72.9	15.2
精粗料					
营养合计		31.81	1295	81.7	50.6
与营养需要比		−0.52	−109	−38.3	−32.4

第五步，补充能量、可消化粗蛋白质。加豆饼 0.3 千克（NND＝0.3×2.64＝0.729，DCP＝0.3×366＝109.8 克，钙＝0.3×3.2＝0.96 克，磷＝0.3×5＝1.5 克），则能量单位为32.6，粗蛋白质为 1 404.8 克，钙为 82.66 克，磷为 52.1。

第六步，补充矿物质。尚缺钙 37.34 克、磷 3.9 克，补磷酸钙 0.20 千克，可获得平衡日粮（表 5-6 和表 5-7）。

表 5-6　体重 600 千克日产 3.5%乳脂奶 20 千克日粮结构表

饲料种类	进食量（千克）	能量单位	可消化粗蛋白质	钙（克）	磷（克）	占日粮（%）	占精料（%）
苜蓿干草	3	4.62	204	42.9	7.2	6.4	
玉米青贮	25	6.25	75	25.0	5.0	53.7	
豆腐渣	10	3.1	280	5.0	3.0	21.5	
玉米	4	9.4	236	0.8	8.4	8.6	48.2

（续）

饲料种类	进食量（千克）	能量单位	可消化粗蛋白质	钙（克）	磷（克）	占日粮（%）	占精料（%）
麦麸	2	3.76	194	2.6	10.8	4.3	24.1
棉籽饼	2	4.68	306	5.4	16.2	4.3	24.1
豆饼	0.3	0.79	109.8	0.96	1.5	0.6	3.5
磷酸钙	0.2			55.82	28.76	0.4	
合计	46.5	32.6	1404.8	138.48	80.86	99.8	99.9

表 5-7　饲料日粮中干物质和粗纤维含量

单位：千克

项目	苜蓿干草	玉米青贮	豆腐渣	玉米	麦麸	棉籽饼	豆饼	磷酸钙	合计
干物质	3	6.25	1	4	2	2	0.3	0.2	18.75
粗纤维	0.87	1.9	0.191	0.052	0.184	0.214	0.017		3.428

（二）方块法日粮配合和步骤

例：要用含蛋白质8%的玉米和含蛋白质44%的豆饼，配合成含蛋白质14%的混合料，两种饲料各需要多少？配法如下：

先在方块左边上、下角分别写上玉米的蛋白质含量8%、豆饼的蛋白质含量44%。中间写上所要得到的混合料的蛋白质含量14%。然后分别计算左边上、下角的数，与中间数值之差，所得的相差值写在斜对角上，44-14=30为玉米的使用量比份，14-8=6为豆饼的使用量比份。两种饲料配比份之和为36（30+6），混合料中玉米的使用量应该是30/36，换算成百分数为83.3%，豆饼的用量是6/36，即16.7%。当需要配制 4 000 千克混合料时，用 83.3％×4 000＝3 332 千克，用 16.7％×4 000＝668 千克，分别算出所需要自玉米和豆饼的千克数。

日粮中维生素和无机盐的平衡：以往认为奶牛很少缺乏维生素，然而，近年来实践证明，补饲维生素 A 以及烟酸等，对于泌乳牛的健康和生产都是很有益的。维生素 A 缺乏会导致受孕率低、犊牛软弱或死亡，假如奶牛没有可能得到质量好的粗料，可以每头每天补喂 3 万～6 万单位维生素 A，如用注射剂，则用 1 万～2 万单位，在产犊前 2 周的干乳期注射，或用胡萝卜素，在产犊后至再受孕之前这段期间饲喂，每头每天喂 300 毫克。烟酸能帮助提高泌乳水平，预防酮血症，每头每天可喂 3～6 克。

第三节　选择适宜的 TMR 搅拌车

一、TMR 搅拌车的类型

牧业现代化少不了养殖设备的帮助，如 TMR 搅拌车，它是牧场饲料搅拌混合不可缺少的最基本的生产设备。有了它的帮助，牧场日常混料可以节省很多劳力和时间。目前，市场的搅拌车有两种形式，一种是立式，一种是卧式，很多人在选购时，不知道该选哪种。为了避免养殖户选错搅拌车，在这里简单说说如何区分和选择这两种设备。

两种形式的搅拌车区别很大。从设计外观上说，立式箱体为圆锥形，卧式箱体为长方形。从生产便利性、运作费用最小性考虑，通常小型牧场选择卧式（12 米^3 以下）、大型牧场选择立式（16 米^3 以上）、10～16 米^3 之间既可以用立式，也可以用卧式。而且这两种搅拌车也各有优缺点。

（一）卧式搅拌车的优缺点

1. 优点 箱体较低，便于装填原料；可以满足小批量生产；饲料搅拌效果较立式柔软些。

2. 缺点 大型号设备混合速度慢；刀片较立式磨损快。

（二）立式搅拌车的优缺点

1. 优点 可以切割大草捆，大型设备切割混合速度较快；易损件少，保养费用低。

2. 缺点 箱体较高，原料装填不便；装满程度不足时无法生产；相同加工容积，动力需求较卧式搅拌车大。

所以，立式和卧式搅拌车，虽然都是饲料搅拌机器，但是两者具有很大的区别，并且使用对象也各不相同。因此，牧场的采购人员在采购时一定要根据上述，选择合适的牧场 TMR 搅拌车。

二、选择适宜的 TMR 搅拌机

（一）选择适宜的类型

目前，TMR 搅拌机类型多样，功能各异。从搅拌方向区分，可分立式和卧式两种；从移动方式区分，分为自走式、牵引式和固定式 3 种。

1. 固定式 主要适用于奶牛养殖小区；小规模散养户集中区域；原建奶牛场、牛舍和道路不适合 TMR 设备移动上料。

2. 移动式 多用于新建场或适合 TMR 设备移动的已建牛场。

3. 立式和卧式搅拌车 立式搅拌车与卧式相比，草捆和长草无需另外加工；相同容积的情况下，所需动力相对较小；混合仓内无剩料等。

（二）选择适宜的容积

1. 容积计算的原则　选择合适尺寸的 TMR 混合机时，主要考虑奶牛干物质采食量、分群方式、群体大小、日粮组成和容重等，以满足最大分群日粮需求，兼顾较小分群日粮供应。同时考虑将来规模发展以及设备的耗用，包括节能性能、维修费用和使用寿命等因素。

2. 正确区分最大容积和有效混合容积　容积适宜的 TMR 搅拌机，既能完成饲料配置任务，又能减少动力消耗，节约成本。TMR 混合机通常标有最大容积和有效混合容积，前者表示混合内最多可以容纳的饲料体积，后者表示达到最佳混合效果所能添加的饲料体积。有效混合容积等于最大容积的 $70\% \sim 80\%$。

3. 测算 TMR 容重　测算 TMR 容重有经验法、实测法等。日粮容重跟日粮原料种类、含水量有关。常年均衡使用青贮饲料的日粮，TMR 日粮水分相对稳定到 $50\% \sim 60\%$ 比较理想，每立方米日粮的容重为 $275 \sim 320$ 千克。讲究科学、准确则需要正确采样和规范测量，从而求得单位容积的容重。

4. 测算奶牛日粮干物质采食量　奶牛日粮干物质采食量，即 DMI，一般采用如下公式推算：DMI 占体重的百分比 $= 4.084 - (0.00387 \times BW) + (0.0584 \times FCM)$。式中：BW = 奶牛体重（千克），FCM（4% 乳脂校正的日产量）$= (0.4 \times$ 产奶量千克$) + (15 \times$ 乳脂千克$)$。非产奶牛 DMI 假定为占体重的 2.5%。

5. 测算适宜容积　举例说明：牧场有产奶牛 100 头，后备 75 头，利用公式推算产奶牛 DMI 为 25 千克/（头·天），后备牛 DMI 为 6 千克/（头·天），则产奶牛最大干物质采食量为 100×

25＝2500 千克，后备牛采食量最小为 75×6＝450 千克。如一天 3 次饲喂，则每次最大和最小混合量为：最大量 2500/3＝830 千克、最小重量 450/3＝150 千克。也就是说，混合机有效混合容积选择范围为 0.9～5.0 米³，最大容积为（混合容积为最大容积的 70%）为 1.2～7.1 米³。生产中一般应满足最大干物质采食量。

三、合理设计 TMR

（一）TMR 类型

根据不同阶段牛群的营养需要，考虑 TMR 制作的方便可行，一般要求调制 5 种不同营养水平的 TMR，分别为：高产牛 TMR、中产牛 TMR、低产牛 TMR、后备牛 TMR 和干奶牛 TMR。

（二）TMR 营养

TMR 跟精粗分饲营养需求一样，由配方师依据各阶段奶牛的营养需要，搭配合适的原料。通常产奶牛的 TMR 营养应满足：日粮中产奶净能（NEL）应在 6.7 兆～7.3 兆焦/千克（DM），粗蛋白质含量应在 15%～18%，可降解蛋白质应占总粗蛋白质的 60%～65%。

（三）TMR 的原料

充分利用地方饲料资源；积极储备外购原料。

（四）TMR 推荐比例

青贮 40%～50%、精饲料 20%、干草 10%～20%、其他粗

饲料 10%。

四、正确运转 TMR 搅拌设备

（一）使用机器前应做好以下工作

1. 启动机器前请认真阅读使用说明书。

2. 启动机器前检查所有的保护装置是否正常，查看所有指示标签，并了解其含义。

3. 熟悉所有的控制按钮，分别试用每个操控装置，看它们是否按照手册说明正常工作。

4. 未来设备操作人员必须是专职的，提前进行培训，考试合格后才能上岗。

5. 准备一些辅助设备，如青贮取草机、上料皮带、卸料皮带等。

6. 使用机器之前，必须注意应没有人站在机器后部或工作范围内，机手在预见到任危险时有责任立即停机。

7. 操作人员在感到身体不适、疲惫、酒醉和服药后不准操作。

8. 装载的饲料原料中，不能含有石头、金属等异物，否则可能会伤害人、损坏机器及被饲喂的动物。

（二）饲料搅拌车在使用过程应当注意的问题

1. 严禁用机器载人、动物及其他物品。

2. 严禁将机器作为升降机使用或者爬到切割装置里，当需要观察搅拌机内部时请使用侧面的登梯。

3. 传动轴与设备未断开前，不准进入机箱内。

4. 严禁站在取料滚筒附近、料堆范围内及青贮堆的顶部。

5. 严禁调节、破坏或去掉机器上的保护装置及警告标签。

6. 机器运转或与拖拉机动力输出轴相连时，不能进行保养或维修等工作。

7. 严禁进行改装，即使是对机器的任何组成部分进行很小的改动都是禁止的。

8. 严禁使用非原产的备件。

9. 在所有工作结束后，要将拖拉机和搅拌车停放平稳，拉起手制动，降低后部清理板，将取料滚筒放回最低位置。

10. 当传动轴在转动时，要避免转大弯，否则将损坏传动轴。在转大弯时，应先停止传动轴再转弯，这样可以延长传动轴的使用寿命。还有要注意传动轴转动时，人不能靠近，防止被传动轴卷入，造成人身伤害。

11. 在升降大臂之前要确定大臂四周没有人，其次要确保截止阀是否处于打开状态。

12. 取料滚筒大臂在取料滚筒负荷增大时，会自动上升，经常这样会对机车的液压系统有一定的损坏。所以，在负荷过大时，应调整大臂下降速度或减小取料滚筒的切料深度。

13. 在改变取料滚筒的转向时，应先等取料滚筒停止转动后再进行操作，否则将容易损坏液压系统。

14. 在下降取料滚筒大臂时，应在大臂与大臂限位杆即将接触时调低大臂的下降速度（可用大臂下降速度调节旋钮进行调解），这样可以避免大臂对限位杆的冲击，保证限位杆及后部清理铲不受损坏。

15. 高效混合时必须给机箱内至少留有20％的自由空间，用于饲料的循环搅拌。要避免出现"拱桥"现象，即饲料没有循环搅拌，都搭副搅龙上。这样会使搅龙的负荷增大，从而使链条容易被拉断。

16. 如果发现搅拌时间比往常要长的话，需要调整箱体内的刀片。随着搅龙运动的刀片称为动刀，固定在箱体上的称为定刀。正常情况下，动刀刃和定刀刃之间的距离小于 1 毫米。如果动刀磨损，需要更换。如果定刀磨损，可以将其抽出来换个刀刃，因为定刀有 4 个刀刃，因此可以使用 4 次。要特别注意的是，换刀时，要保证拖拉机处于熄火状态，最好钥匙能在换刀人手上，以保证人身安全。

17. 取料顺序一般有这几条原则：先长后短、先重后轻、先粗后精。实际情况可以根据混合料的要求来调整投料的顺序。

18. 卸料时要注意先开卸料皮带，后开卸料门；停止卸料时，要先关卸料门，再关卸料皮带，这样可以防止饲料堆积在卸料门口。

（三）建立合理的填料顺序

填料顺序应借鉴设备操作说明，参考基本原则，兼顾搅拌预期效果来建立合理的填料顺序。

1. 基本原则　先精后粗，先干后湿，先轻后重。适用情况：各精饲料原料分别加入，提前没有进行混合；干草等粗饲料原料提前已粉碎、切短；参考顺序：谷物—蛋白质饲料—矿物质饲料—干草（秸秆等）—青贮—其他。

2. 适当调整　当按照基本原则填料效果欠佳时；当精饲料已提前混合一次性加入时；当混合精料提前填入易沉积在底部难以搅拌时；当干草没有经过粉碎或切短直接添加时；填料顺序可适当调整：干草—精饲料—青贮—其他。

（四）设置适合的搅拌时间

生产实践中，为节省时间提高效率，一般采用边填料边搅拌，等全部原料填完，再搅拌 3～5 分钟为宜。确保搅拌后日粮中大于 3.5 厘米长纤维粗饲料（干草）占全日粮的 15%～20%。

（五）操作注意事项

1. TMR 搅拌设备计量和运转时，应处于水平位置。

2. 搅拌量最好不超过最大容量的 80%。

3. 一次上料完毕及时清除搅拌箱内的剩料。

4. 加强日常维护和保养 初运转 50～100 小时进行例行保养，清扫传输过滤器，更换检查润滑油，更换减速机润滑油，注入新的齿轮润滑油；班前班后的保养，应定期清除润滑油系统部位积尘油污，在注入减速机润滑油时，要用擦布擦净润滑油的注入口，清除给油部位的脏物，油标显示给油量，油标尺显示全部到位；机械每工作 200 小时应检查轮胎气压；每工作 400 小时应检查轮胎螺母的紧固状态，检查减速机油标尺中的油高位置；每工作 1 500～2 000 小时应更换减速机的润滑油。

五、正确评价 TMR 搅拌质量

（一）感官评价

TMR 日粮应精粗饲料混合均匀，松散不分离，色泽均匀，新鲜不发热、无异味，不结块。

（二）水分检测

TMR 的水分应保持在 40%～50% 为宜。每周应对含水量较大的青绿饲料、青贮饲料和 TMR 混合料进行一次干物质（DM）测试。

（三）宾州筛过滤法

专用筛由两个叠加式的筛子和底盘组成。上筛孔径 1.9 厘米，下筛孔径 0.79 厘米，最下面是底盘。具体使用步骤：随机采取搅拌好的 TMR，放在上筛，水平摇动，直至没有颗粒通过筛子。日粮被筛分成粗、中、细三部分，分别对这三部分称重，计算它们在日粮中所占的比例。推荐比例：粗（＞1.9 厘米），占 10％～15％；中（0.8 厘米＜中＜1.9 厘米），占 30％～50％；细（＜0.8 厘米），占 40％～60％

（四）观察奶牛反刍

奶牛每天累计反刍 7～9 个小时，充足的反刍保证奶牛瘤胃健康。粗饲料的品质与适宜切割长度对奶牛瘤胃健康至关重要，劣质粗饲料是奶牛干物质采食量的第一限制因素。同时，青贮或干草如果过长，会影响奶牛采食，造成饲喂过程中的浪费；切割过短、过细又会影响奶牛的正常反刍，使瘤胃 pH 降低，出现一系列代谢疾病。观察奶牛反刍是间接评价日粮制作粒度的有效方法。记住有一点非常重要，那就是随时观察牛群时至少应有 50％～60％的牛正在反刍。

六、裹包 TMR 的生产

（一）技术概述

对搅拌好的 TMR，第一步采用打捆或打包机进行压缩打包，第二步采用裹包机附上 3 层双向拉伸聚乙烯薄膜，TMR 的保存时间延长至 15 天。该技术有效地满足了广大小规模养殖户对 TMR 需求，解决了贮存易变质的难题。

（二）技术要点

1. 设备购置　如前所述，购置符合生产要求的 TMR 搅拌设备；购置相应生产能力的打捆或打包机、裹包机和双向拉伸聚乙烯薄膜。

2. 进行 TMR 搅拌。

3. 对搅拌好的 TMR 进行压缩打捆或打包。

4. 对打好的 TMR 捆或包，在外裹上 3 层双向拉伸聚乙烯薄膜。

5. 配送到各个养殖点，进行饲喂。贮存时间不宜超过 15 天，初次饲喂时应有 7～10 天的过渡期。

七、人工 TMR

当生产缺乏 TMR 搅拌设备时，推荐进行人工 TMR 配合。操作为：选择平坦、宽阔、清洁的水泥地，将每天或每吨的青贮饲料均匀摊开，后将所需精饲料均匀撒在青贮上面，再将已切短的干草摊放在精饲料上面，最后再将剩余的青贮撒在干草上面；适当加水喷湿；组织人力，上下翻折，直至混合均匀。

第六章
奶牛各阶段饲喂技术

第一节　犊牛的饲养管理

犊牛是指由出生到 6 月龄的牛，这个时期犊牛经历了从母体子宫环境到体外自然环境、由靠母乳生存到靠采食植物性为主的饲料生存、由反刍前到反刍的巨大生理环境的转变，各器官系统尚未发育完善，抵抗力低，易患病。犊牛处于器官系统的发育时期，可塑性大，良好的培养条件可为其将来的高生产性能打下基础。若饲养管理不当，可造成生长发育受阻，影响终生的生产性能。

一、初生犊牛的护理

（一）出生后的第一小时

1. 确保犊牛呼吸　犊牛出生后如果不呼吸或呼吸困难，通常与难产有关，必须首先清除口鼻中的黏液。方法是使犊牛的头部低于身体其他部位或倒提几秒钟使黏液流出；然后用人为的方法诱导呼吸。

2. 肚脐消毒　犊牛呼吸正常后，应立即看其肚脐部位是否出血，如出血可用干净棉花止住。将残留的几厘米脐带内的血液挤干后必须用高浓度碘酒（75％）或其他消毒剂浸泡或涂抹在脐带上。出生2天后应检查小牛脐带是否有感染，正常时应很柔软，如感染则小牛表现沉郁，脐带区红肿并有触痛感。如脐带感染可能很快发展成败血症而死亡。犊牛出生后，应用干净的稻草或麻袋擦干其身上的黏液。

3. 犊牛登记 犊牛的出生资料必须登记并永久保存。新生的犊牛应打上永久性标记。标记的方法有：在颈部套上刻有数字的环、在耳部打上金属或塑料的耳标等。

4. 饲喂初乳 初乳含大量的营养物质和生物活性物质（球蛋白、干扰素和溶菌酶），具有保证犊牛生长发育营养需要和提高抗病力的作用。每次饲喂犊牛的初乳量不能超过其体重的5％，即每次饲喂1.25～2.5千克初乳。犊牛生后0.5～1小时喂初乳2千克，出生头24小时应喂3～4次；喂初乳前应在水浴中加热到体温39℃，同时清洗奶瓶或奶桶。

5. 犊牛与母牛隔离开 犊牛出生后立即将其从产房内移走并放在干燥、清洁的环境中。要确保犊牛及时吃到初乳，最好放在单独圈养犊牛的畜栏内。刚出生的犊牛对疾病没有抵抗力，给犊牛创造一个干燥、舒服的环境可减少患病和疾病传播的可能性；也便于饲养人员监测犊牛的采食情况和体况。

(二) 出生后的第一周

1. 培养良好的卫生习惯 保持犊牛舍的环境卫生；及时清洗饲喂用具；犊牛舍必须空栏3～4周并进行清洁消毒。

2. 疾病观察 营养缺乏和管理不善是犊牛死亡率和发病率高的直接原因。因为健康的犊牛经常处于饥饿状态，食欲缺乏是不健康的第一症状，必须注意观察和及时治疗。

3. 犊牛去角 带角的奶牛可对其他奶牛或工作人员造成伤

害，大部分情况下应进行去角。但去角时饲养员或技术员必须依照一定的技术指导和程序，避免刺激和伤害犊牛。

4. 常乳和代乳品的使用 母牛产后 7 天所分泌的乳为初乳，必须保证犊牛及时吃到。7～10 天后，犊牛的食物应换成常乳，也可同时饲喂代乳品，或用代乳品直接饲喂犊牛，因犊牛 7～10 日龄时已能采食和消化质量较好的代乳品饲料。代乳品饲料只要能满足犊牛能量、蛋白质和口味及容易消化需要即可。同时让犊牛自由采食优质青干草，以刺激瘤胃发育。

二、初乳期犊牛的饲养管理

给新生犊牛喂初乳的方法大致有两种：一种是在犊牛出生后立即将其与母牛分开，人工给犊牛喂初乳；另一种是将初生犊牛留在母牛身边或隔栏内共同生活 3～4 天，让犊牛自行吸食初乳。采用上述第一种方法虽然用的人力多一些，但给犊牛喂的初乳量能合理控制，且母子分开对母牛的管理非常方便，也便于观察犊牛的生长状况。采用第二种方法虽能节约人力，但不能保证犊牛及时吃上初乳。如果母牛乳房过大，犊牛吃奶时容易使乳房受到损伤。因此，稍大的牛群习惯于采用第一种方法。

（一）初乳喂量与贮存

1. 人工哺喂初乳的量（头/日） 人工哺喂初乳的量一般是犊牛出生重的 1/10。第一次喂给 2 千克（要参照犊牛出生重的大小与生活力的旺盛情况，灵活掌握）。以后每天 3 次，每次 1.5 千克为准，一般喂到第五天。

2. 多余初乳的应用 母牛产后 5 天以内的初乳是不能做商品奶出售的，分泌量累计为 80～120 千克，犊牛只能消耗 40% 左右。多余初乳的用途大致有 3 种：一是把初乳（冷藏）作为没有初乳的母牛所生的犊牛用奶。二是当作常乳使用。由于初乳营养浓度是常乳的 1.5 倍，为防止犊牛下痢，喂时可兑入适当量温水。初乳量少而大龄犊牛多时，可按一定比例兑入常乳中喂牛，效果优于常乳。三是把初乳进行发酵后喂牛。当产犊集中时，多余初乳量大时可进行发酵贮存，陆续喂牛。

3. 初乳发酵的过程　把多余的初乳放入广口桶内，陆续装满，将桶置于清洁、干燥和背阴的室内，任其自然进行乳酸发酵。发酵的适宜温度是 15 ℃上下。为防止奶中干物质的分离，应给予搅拌，每天不少于 2 次。静置 2～3 天后发酵开始，由正常奶香逐渐变成酸奶香，犊牛适口性很好，可以持续 30 天左右。这时的 pH 是 4.2～4.4。40 天左右开始出现腐败臭，并见到脂肪、乳清和沉淀物 3 层分离现象，不能再喂犊牛。

上述发酵描述是在外界温度 15 ℃的情况下所见，这个发酵过程随着外界温度变高而加速，相对的"分离"也变快。当日平均温度超过 20 ℃时，容易变质，养分损失大。为延缓腐败可在发酵初期添加有机酸，促其 pH 尽快达到能抑制有害菌的繁殖范围。可添加 1%乳酸或 1%乙酸或 1%丙酸。上述发酵初乳的原料中不应包括血奶、乳房炎奶和为治疗疾病而使用青霉素等抗生素药物后生产的奶。发酵的初乳不能代替新鲜初乳喂新生犊牛，只能用来代替常乳使用。犊牛增重表明，用发酵的初乳喂犊牛效果与常乳是相当的。

（二）初乳期的饲养管理

出生后的犊牛应及时喂给初乳（1 小时以内最好），以后 24 小时内饲喂 5 千克，以保证足够的抗体蛋白量。新生犊牛最适宜的外界环境是 15 ℃。因此，应给予保温、通风、光照及良好的舍饲条件，逐步培养犊牛对外界产生应答的能力。

喂给犊牛初乳温度应在 36 ℃以上，为保证奶温可用热水浴加温，若直接加温奶易凝固。

如果用奶桶喂初乳时，应人工予以引导，一般是人将手指伸在奶中让犊牛吸吮，不得强行灌入。体弱牛或经过助产的牛犊，第一次喂奶饮量很小，应有耐心在短时间内多喂几次，以保证必要的初乳量。

（三）常乳期犊牛的饲养管理

犊牛出生 5 天后从哺乳初乳阶段转入常乳阶段，牛也从隔栏放入小圈内群饲饲，每群 10～15 只。

哺乳牛的常乳期为 60～90 天（包括初乳段），哺乳量一般为 300～500 千克，日喂奶 2～3 次，奶量的 2/3 在前 30 天或 50 天内喂完。

要尽早补饲精粗饲料，犊牛生后 1 周左右即可训练采食代乳料，开始每天喂奶后人工向牛嘴及四周填抹极少量代乳料，以引导犊牛开食。2 周左右开始向草栏内投放优质干草供其自由采食。1 个月以后可供给少量块根与青贮饲料。

要供给犊牛充足的饮水，奶中的水不能满足犊牛生理代谢的需要，尤其是早期断奶的犊牛，需要采食 6～7 倍干物质量的水。除了在喂奶后加必要的饮用水外，还应设水槽供水，早期（1～2月龄）要供温水并且水质也要经过测定。

犊牛的主要疾病（特别是早期）有大肠杆菌与病毒感染的下痢、多种微生物引起的呼吸道病。除及时喂给初乳增强肠道黏膜的保护作用和刺激自身的免疫能力外，还应从它出生日起就严格消毒，为犊牛提供良好的生活环境。包括：哺乳用具应该每用 1次就应清洗消毒 1 次。每头牛有一个固定奶嘴和毛巾，每次喂完奶后擦净嘴周围的残留奶。犊牛围栏、牛床应定期清洗、消毒，保持干燥。垫料要勤换，北方冬季寒冷可经常加铺新垫料，下面的旧垫料产生的生物热可以提高畜舍及犊牛身体四周的温度。隔离间及犊牛舍的通风要良好，忌贼风；舍内要干燥，忌潮湿；阳光充足（舍的采光面积要合理）；冬季要注意保温，夏季要有降温设施。牛体要经常刷拭（严防冬春季节体虱、疥癣的传播），保持一定时间的日光浴。

犊牛期要有一定的运动量，从 10～15 日龄起应该有一定面积的活动场地，尤其在 3 个月转入大群饲养后，应有意识地引导其活动，或强行驱赶，如果能放牧就更好。每天经过一段铺有较大鹅卵石的河滩地放牧的牛，其四肢及蹄的硬度比不经过的大。

（四）早期断奶

乳用犊牛断奶时间的确定，应考虑犊牛出生重和牛的饲料状况等。目前，通常对 35～45 千克初生重的犊牛采用 60 天断奶的饲养方案。喂奶 60 天的早期断奶的饲养方案为：犊牛出生后 2 小时内，喂给第一次挤出的初乳。1～7 天的日喂奶量为 8 千克，分 3 次喂。8～35 天的日喂奶量为 6 千克，分 2 次喂。36～50 天的日喂奶量为 5 千克，分 2 次喂。51～56 天的日喂奶量为 4 千克，分 2 次喂。57～60 天的日喂奶量为 3 千克，在夜间 1 次喂下。上述方法犊牛的喂奶总量为 300～320 千克。

犊牛出生后即开始喂初乳，持续 5～7 天，此后，用常乳代替初乳，一直至 60 日龄。同时，从犊牛出生后的第七天开始，饲喂由玉米、大麦、豆粕（熟）、少量花生粕、鱼粉、磷酸氢钙和添加剂等组成的开食料、干草和水。开食料的粗蛋白含量一般高于 21%，粗纤维为 15% 以下，粗脂肪 8% 左右。犊牛的开食料最好制成颗粒料。开食料的喂量可随需增加，当犊牛一天能吃到 1 千克左右的开食料时即可断奶。60 天早期断奶有利于控制犊牛腹泻、促进瘤胃更早发育、提高其对粗饲料的消化和利用力、降低饲养成本，为牛成年后采食大量饲料奠定基础。犊牛断奶后，继续喂开食料到 4 月龄，日食精料应在 1.8～2.5 千克，以减少断奶应激。4 月龄后方可换成育成牛或青年牛精料，以确保其正常的生长发育。

第二节　育成牛的饲养管理

7 月龄至 1 周岁的牛称为育成牛。在此期间，牛的性器官和第二性征发育很快，生长较快，消化器官迅速发育，容积扩大 1～3 倍。对这一时期的育成牛，在饲养上要供给足够的营养物质，除给予优良牧草、干草和多汁饲料外，还必须适当补充一些精饲料。从 9～10 月龄开始，可掺喂一些秸秆和谷糠类饲料，其总量占粗饲料总量的 30%～40%。育成母牛的饲养方案见表6-1。

表6-1　育成母牛的饲养方案

月龄	精料 [千克/(头·日)]	玉米青贮 [千克/(头·日)]	羊草 [千克/(头·日)]
7～8	2	10.8	0.5
9～10	2.3	11	1.4
11～12	2.5	12	2

育成牛管理要点：

1. 分群管理　犊牛满 6 月龄后转入育成牛舍时，公母牛应分群饲养。应尽量把年龄体重相近的牛分在一起。生产中一般按不同月龄进行分群，以便于饲养管理。

2. 讲究卫生　对育成牛，每天至少刷拭 1～2 次，每次 5～8

分钟。在舍饲期间，应注意保持环境清洁。晴天还要多让其接受日光照射，以促进机体吸收钙质、促进骨骼生长，但要严禁烈日下长时间暴晒。

第三节　青年牛的饲养管理

12～18 月龄称为青年牛。此阶段奶牛消化器官容积更加增大。此阶段应训练青年母牛大量采食青绿饲料，以促进消化器官和体格发育，为成年后能采食大量青粗饲料，提高产奶量创造条件。日粮应以粗饲料和多汁饲料为主，其重量约占日粮总量的75%，其余的 25% 为混合精料，以补充能量和蛋白质的不足。为此，青贮以及青绿饲料的比例要占日粮的85%～90%，精料的日喂量保持在 2～2.5 千克。青年母牛的饲养方案见表6-2。

表6-2　青年母牛的饲养方案

月龄	精料 [千克/(头·日)]	玉米青贮 [千克/(头·日)]	羊草 [千克/(头·日)]
12～14	2.5	12.5	3
15～16	2.5	13	4
17～18	2.5	13.5	4.5
19～20	3	16	2.5
21～22	4	11	3
23～26	4.5	6	5

18～24 月龄正是奶牛交配受胎阶段。该阶段母牛自身的生长发育逐渐变缓慢。这阶段的育成母牛的营养水平要适当，过高易导致牛体过肥造成受孕困难，即使受孕，也会影响胎儿的正常发育和分娩；过低易使奶牛排卵紊乱，不易受胎。因此，这阶段应以品质优良的干草、青绿饲料、青贮饲料和块根饲料为主，精

料为辅。到妊娠后期，适当增加精料喂量，每天可喂2~3千克，以满足胎儿生长发育的需要；在有放牧条件的地区，育成牛应以放牧为主，并根据牧草生长情况对饲料喂量酌情增减。

青年牛的管理要点：

1. 定期测量体尺和称重，及时了解牛的生长发育情况，纠正饲养不当（表6-3）。

表6-3 后备母牛各阶段的理想体高和体况

月龄	3	6	9	12	15	18	21	24
体高（厘米）	92	104~105	112~113	118~120	124~126	129~132	134~137	138~141
体况评分（分）	2.2	2.3	2.4	2.8	2.9	3.2	3.4	3.5

2. 加强运动 在没有放牧条件的地区，应对拴系饲养的育成母牛，每天在运动场驱赶运动2小时以上，以增强体质、锻炼四肢，促进乳房、心血管及消化、呼吸器官的发育。

3. 做好发情、繁殖记录。

4. 按摩乳房 为促进育成牛特别是妊娠后期育成牛乳腺组织的发育，应在给予良好的全价饲料的基础上，适时按摩乳房。对6~18月龄的育成母牛每天可按摩一次。18月龄以后每天按摩2次。按摩可与刷体同时进行。每次按摩时要用热毛巾揩擦乳房，产前1~2个月停止按摩。但在此期间，切忌擦拭乳头，以免引起乳头龟裂或因病原菌从乳头侵入，导致乳房炎发生。

如有条件放牧，无论是育成母牛还是青年母牛都可以采取放牧饲养，但应充分估计食入的草量，不足部分由精料补充。如草地质量不好，则不能减少精料用量。放牧奶牛回舍后，如有未吃的迹象，应补喂干草或多汁料。有资料表明，在优质草地上放牧，可节省精料 30%～50%。

第四节　成年母牛的饲养管理

成年母牛是指初次产犊后的母牛。从第一次产犊开始，成年母牛周而复始地重复着产奶、干奶和配种产犊的生产周期。成年母牛的饲养管理是奶牛生产的核心，其饲养管理直接关系到母牛产奶性能的高低和繁殖性能的好坏，进而影响奶牛的生产经济效益。

一、几个基本概念

（一）泌乳周期

母牛第一次产犊后便进入了成年母牛的行列，开始了正常的周而复始的生产周期。因为乳用母牛的主要生产性能是泌乳，所以它的生产周期是围绕着泌乳进行的，因而称泌乳周期。母牛的泌乳是一个繁殖性状，与配种、妊娠和产犊密切相关，并互相重叠。一个完整的泌乳周期包括如下几个过程。

1. 泌乳—干奶—泌乳　母牛产犊后即开始泌乳，为了满足妊娠后期快速生长的胎儿的营养需要，让母牛在产犊前两个月停止产奶（称为干奶），产犊后又重新泌乳，即在一年内母牛产奶 305 天，干奶 60 天。

2. 配种—妊娠—产犊　母牛一般在产犊后 60～90 天配种受胎，妊娠期 280 天，从这次产犊到下次产犊大约相隔一年。

（二）泌乳阶段的划分

奶牛的一个泌乳周期包括两阶段，即泌乳期（约 305 天）和干奶期（约60天）。在泌乳期中，奶牛的产奶量并不是固定的，而是呈一定的规律性变化，采食量、体重也呈一定的规律性变化。为了根据这些变化规律进行科学的饲养管理，将泌乳期划分为3个阶段，即泌乳早期，从产后到第10周末；泌乳中期，从产后第11周到第20周末；泌乳后期，从产后第21周到干奶。

（三）泌乳曲线

母牛在产犊、受孕和泌乳的过程中，生理上发生一系列的变化。在怀孕后期，奶牛受雌激素、生长激素和催乳素的作用，乳腺迅速发育，乳腺小泡和输乳导管积蓄的初乳不断增多，乳房膨胀起来；分娩时，因催乳素和促肾上腺皮质激素含量不断增多，孕酮下降，刺激泌乳，所以，分娩的同时母牛分泌大量乳汁，达到一定高峰期后开始下降，直至干奶。泌乳奶牛从产犊、泌乳、受孕到干奶再产犊的全过程称为一个泌乳期。泌乳期的长短因个体差异、营养状况和是否怀孕有关，短则7个月左右，长的可达1年以上。

将奶牛每天（或每月）的泌乳量按日期和产奶量的对应关系，在坐标纸上绘制曲线，该曲线称为泌乳曲线。泌乳曲线能反映奶牛泌乳均衡性规律，也可反映个体奶牛泌乳遗传的优劣、奶牛的营养满足程度、管理水平的高低以及阶段性的健康程度，为奶牛育种和提高饲养管理水平提供必要的依据。

二、干奶期母牛的饲养管理

干奶是指奶牛在产犊前的一段时期内停止挤奶，使乳房、奶牛机体得到修整的过程，这个时期称为干奶期。

（一）干奶方法

1. 逐渐干奶法 在预定干奶前10天左右开始变更饲料，逐渐减少青绿多汁饲料和精料喂量，增加干草喂量，控制饮水，停止乳房按摩，挤奶由每日3次改为1～2次，再到隔日1次。打乱挤奶时间，同时采取增加母牛运动时间、打乱牛的生活习性等措施。日产奶降至5千克左右时，即停止挤奶，整个过程需10～20天，此法多用于高产奶牛。

2. 快速干奶法 一般在3～5天使母牛干奶。方法是先停喂多汁饲料，适当减少精料，以喂青干草为主，控制饮水，加强运动，第一天挤奶由3次减为2次，第二～三天减为1次，使生活规律发生巨变，产奶量显著下降，日产奶下降到5～8千克时，就停止挤奶。此法多用于中低产奶牛。

经验证明，无论采取何种干奶法，饲养者均应经常观察乳房情况，如乳房肿胀变硬，奶牛表现不安时，可把奶挤出，重新采取干奶措施。如乳房有炎症，则应及时处理，待炎症消失后，再进行干奶。奶牛干奶期的长短，要根据母牛具体情况而定，一般是45～75天，平均60天。对初产、高产牛和营养不良的母牛，可适当延长干奶期（65～75天）；对体况良好、产奶量较低的母牛，干奶期可缩短为45天。

（二）饲养要点

1. 干奶前几天少喂或停喂多汁青绿饲料，控制饮水，增喂粗饲料，必要时减喂精饲料（表6-4），并打乱挤奶时间和次数，在最后一次把乳房中奶挤净后，在4个乳头内注入干奶油剂。干奶后5～7天，若乳房还没有变软，这时仍然采用干奶时的日粮。7天后，乳房已变软，应开始逐渐增加精料和多汁饲料，用5天左右过渡到干奶母牛的饲养标准。此期的饲养既要照顾到营养价值的全面性，又不能把牛喂得过肥，达到中上等体况即可。

表 6-4　干奶牛的精料配方

单位:%

阶段	原料						
	玉米	豆粕	麸皮	棉籽粕	米糠	预混料	其他
干奶前期	40	13	18	7	10	1	11
干奶后期	41	15	25	4	7	—	8

2. 干奶后期要逐渐增加精料,每天增加精料 0.45 千克,直到每 100 千克体重精料 1~1.5 千克为止。日粮中提高精料水平,对头胎育成母牛更为必要。要防止乳热症,必须每天让牛摄入 100 克以下的钙和 45 克以上的磷,还要满足维生素 D 的需要量。逐渐提高精料水平有利于瘤胃微生物区系较早的适应生存环境,并使母牛在此期适当增重。这样,奶牛分娩后能量供应迅速增加,可减少瘤胃酸中毒或其他营养代谢病的发生。产前 4~7 天,如乳房过度肿大,要减少或停喂精料和多汁饲料。产前 2~3 天,日粮中应加入麸皮等轻泻饲料,防止便秘(表 6-5)。

表 6-5　干奶牛的日粮组成

体重 (千克)	干奶期	精料 [千克/(头・日)]	中等羊草 [千克/(头・日)]	玉米青贮 [千克/(头・日)]
600~650	前期	3	3~3.5	18
600~650	后期	3	3~3.5	18
500~550	前期	3	2.5~3	17
500~550	后期	3	2.5~3	17

(三)管理要点

1. 饲料应新鲜,且质量良好,绝对不能饲喂冰冻饲料、腐败霉变饲料和有麦角、霉菌、毒草的饲料,冬季不可饮过凉的水。

2. 坚持适当运动　夏季可在良好的草地放牧，让其自由运动；冬季可在户外运动场每天运动 2～4 小时。此期运动不仅可促进血液循环，利于健康，更主要的是有助于分娩，可减少难产和胎衣滞留。还可以增加日照，有利于维生素 D 的形成，防止产后瘫痪。重胎牛放出运动时，中间走道要铺垫草，以防道路打滑，出入门时要防止相互挤撞。此外，要注意清除运动场的铁器、异物，保持干燥清洁。

3. 卫生管理　干奶牛新陈代谢旺盛，每天必须加强对牛体的刷拭，以清除皮肤污垢，促进血液循环。每天至少刷拭 2 次，同时必须保持牛床清洁干燥，尤其注意保持后躯和乳房的清洁卫生。

三、围生期母牛的饲养管理

围生期是指奶牛临产前 15 天至产后 15 天这段时间，习惯上将产期 15 天和产后 15 天分别称之为围生前期和围生后期。这个时期饲养管理的好坏直接关系到犊牛的正常分娩、母体的健康及产后生产性能的发挥和繁殖表现。

（一）围生前期的饲养管理

预产期前 15 天母牛应转入产房，进行产前检查，随时注意观察临产征候出现，做好接产准备。临产前 2～3 天日粮中适量添加麦麸以增加饲料的轻泻性，防止便秘。日粮中适当补充维生素 A、维生素 D、维生素 E 和微量元素，对产后子宫的恢复、提高产后配种受胎率、降低乳房炎发病率和提高产奶量具有良好作用。

1. 饲养要点

（1）从进入围生期就需增加精料。由原来的每头每天 4 千克，按每头每天 0.3 千克递增，精饲料可在产前 15 天起每天逐渐增加，但最大量不宜超过体重的 1％。干草喂量应占体重的 0.5％以上。日粮中的精、粗比例为 40：60，粗蛋白质为 13％，粗纤维为 20％左右。

（2）喂给优质干草。喂量不低于体重的 0.5％，且长度在 5 厘米以上的干草占一半以上。

（3）对有酮病前兆的牛应及时添加烟酸（每头每天 6 克）。

（4）分娩前 30 天开始喂低钙日粮（钙占日粮干物质的 0.3％～0.4％，总钙量为每头每天 50～90 克），钙磷比为 1：1。分娩后使用高钙日粮（钙占日粮干物质的 0.7％，钙磷比为 1.5：1 或 2：1）。

（5）分娩前 10 天开始喂阴离子盐。

（6）分娩前 7 天和分娩后 20 天不要突然改变饲料。

2. 管理要点

（1）注意保胎，防止流产。要防止母牛饮冰水和吃霜冻饲料，不要让母牛突然遭受惊吓、狂奔乱跳，造成流产和早产。

（2）注意母牛分娩的管理。分娩时要保持安静，避免一切干扰和刺激。母牛正产时，一般不必接产，让其自然产出；若是倒生，可趁母牛怒责时拉出胎儿；若胎儿体型太大，或母牛怒责无力，此时应将产科绳和双手消毒干净，配合母牛怒责时帮助将胎儿顺势拉出。母牛分娩后 1～2 小时，第一次挤奶不宜挤得太多，大约挤 1 千克即可，以后每次挤奶量逐步增加，到第三天或第四天后才可挤干净，这样可以防止由于血钙含量一时性过低而发生产后瘫痪。

（二）围产后期的饲养管理

分娩过程母牛中体力消耗很大，损失大量水分，体力很差。

因而，母牛分娩后应先喂给温热的麸皮盐水粥（麸皮 500 克、食盐 50 克、石粉 50 克、水 10 千克），以补充水分，促进体力恢复和胎衣的排出，并给予优质干草让其自由采食。产后母牛消化机能较差，食欲不佳，因而产后第一天仍按产前日粮饲喂，从产后第二天起可根据母牛健康情况及食欲每天增加 0.5～1.5 千克精料，并注意饲料的适口性。控制青贮、块根、多汁料的供给。母牛产后应立即挤初乳饲喂犊牛，但由于母牛乳房水肿尚未恢复，体力较弱，第一天只挤出够犊牛吃的奶量即可，第二天挤出乳房内奶的 1/3，第三天挤出 1/2，从第四天起可全部挤完。每次挤奶前应对乳房进行热敷和轻度按摩。注意母牛外阴部的消毒和环境的清洁干燥，防止产褥疾病发生。加强母牛产后的监护，尤为注意胎衣的排出与否及其完整程度，以便及时处理。夏季注意产房的通风与降温，冬季注意产房的保温与换气。

四、泌乳牛的饲养管理

（一）泌乳早期的饲养

泌乳早期又称升乳期或泌乳盛期。泌乳早期的饲养是整个泌乳期饲养的关键，关系到母牛整个泌乳期的产奶量和母牛自身的健康以及代谢病的发生与否及产后的正常发情与受胎。也是整个泌乳期饲养中最复杂、最困难的时期，必须加以高度重视。

此期母牛产奶量由低到高迅速上升，并达到高峰，是整个泌乳期中产奶量最高的阶段。因此，此期饲养效果的好坏直接关系到整个泌乳期产奶量的高低。此期母牛的消化能力和食欲处于恢复时期，采食量由低到高逐渐上升，但是上升的速度小于产奶量的上升速度，奶中分泌的营养物质高于进食的营养物质，母牛须动员体贮进行泌乳，处于代谢负平衡，体重下降。此期的饲养目标是尽快使母牛恢复消化机能和食欲，千方百计提高其采食量，缩小进食营养物质与奶中分泌营养物质之间的差距。在提高母牛产奶量的同时，力争使母牛减重达到最小，避免由于减重过度所引发的酮病。

1. 奶牛泌乳早期饲养管理要点

（1）采用"预付"饲养。从产后 10～15 天开始，除按饲养标准给予饲料外，每天额外多给 1～2 千克精料，以满足产奶量继续提高的需要。只要奶量能随精料增加而上升，就应继续增加。待到增料而奶量不再上升时，才将多余的精料降下来。"预付"饲养对一般产奶牛增奶效果比较明显。

（2）采用"引导"饲养。从产前 2 周开始加料，母牛产犊后，继续按每天增加 450 克精料，直到产奶高峰。待泌乳高峰过后，奶量不再上升时，按产奶量、体重和体况等情况调整精料喂量。"引导"饲养对高产奶牛效果较好，低产奶牛采用"引导"饲养容易过肥。方法是：第一，在日粮中的精、粗料干物质比不超过 60∶40、粗纤维含量不低于 15% 的前提下，积极投放精料并以每天增加 0.3 千克（必要时可 0.35 千克）精料喂量逐日递增，直至达到泌乳高峰的日产奶量不再上升为止。第二，供给优质干草如苜蓿、笤子等粗饲料。第三，对日产奶 45 千克的牛群及体况评分下降明显的个体，应添喂惰性加氢脂肪酸盐，使日粮干物质中脂肪含量达到 5%～7%。第四，添加非降解蛋白（UIP）量高的饲料，如增喂棉籽（每天每头 1.5 千克）。第五，对高产奶牛日粮精料中添加 MgO 50 克/头和 $NaHCO_3$ 100 克/头组成的缓冲剂或其他缓冲剂。第六，日粮营养水平原则上控制在：干物质进食量占体重的 2.5%～3.5%，产奶净能 2.3～2.45奶牛能量单位/千克，钙为 0.6%～0.9%，磷为 0.4%～0.6%，粗蛋白 17.5%～19%，粗纤维 15% 左右，精粗料比 60∶40。

（3）添加脂肪以提高日粮能量浓度。在泌乳高峰日粮中，可添加 3％～5％的脂肪或 200～500 克脂肪酸钙，以满足日粮中能量的需要（表 6-6）。

表 6-6　泌乳期奶牛各类蛋白的适宜含量

项目	泌乳初期	泌乳中期	泌乳后期
日粮粗蛋白（％，以干物质为基础）	17～18	16～17	15～16
可溶性蛋白占粗蛋白（％）	30～34	32～36	32～38
降解蛋白占粗蛋白（％）	62～66	62～66	62～66
非降解蛋白占粗蛋白（％）	34～38	34～38	34～38

2. 管理要点

（1）分群饲养。在生产上，按泌乳的不同阶段对奶牛进行分群饲养的生产工艺，可做到按奶牛的生理状态科学配方、合理投料，而且日常管理方便、可操作性强。对于奶牛未能达到预期的产奶高峰，应检查日粮的蛋白水平。

（2）适当增加挤奶次数。有条件的牛场，对高产奶牛，可改变原日挤 3 次为 4 次，有利于提高整个泌乳期的奶量。

（3）及时配种。一般奶牛产后 30～45 天，生殖器官已逐步复原，有的开始有发情表现，这时可进行直肠检查，及早配种。

（二）泌乳中期的饲养

泌乳中期又称泌乳平稳期，此期母牛的产奶量已经达到高峰并开始下降，而采食量则仍在上升，进食营养物质与奶中排出的营养物质基本平衡，体重不再下降，保持相对稳定。

泌乳中期奶牛食欲最旺，日粮干物质进食量达到最高（尔后稍有下降），泌乳量由高峰逐渐下降。为了使奶牛泌乳量维持在一个较高水平而不致减少太多，在饲养上应做到以下几点：

1. 按"料跟着奶走"的原则，即随着泌乳量的减少而逐步减少精料用量。

2. 喂给多样化、适口性好的全价日粮。在精料逐渐减少的同时尽可能增加粗饲料用量，以满足奶牛的营养需要。

3. 身体瘦弱的牛，要稍增加精料以利恢复体况；对中等偏上体况的牛，要适当减少精料以免出现过度肥胖。

4. 日粮营养水平调整到：日粮中干物质进食量占体重的 $3\%\sim3.3\%$，每千克干物质含 $2.1\sim2.25$ 个奶牛能量单位，钙为 $0.6\%\sim0.8\%$，磷为 $0.35\%\sim0.6\%$，粗蛋白 $14\%\sim15\%$，粗纤维 $16\%\sim17.5\%$，精粗料比为（45：55）～（50：50）。

（三）泌乳后期的饲养

泌乳后期母牛的产奶量在泌乳中期的基础上继续下降，且下降速度加快，采食量达到高峰后开始下降，进食的营养物质超过奶中分泌的营养物质，代谢为正平衡，体重增加。这一时期，母牛食入营养主要用于维持、泌乳、修补体组织、胎儿生长和妊娠沉积等方面。所以，该阶段应以粗料为主。在饲养上应根据营养需要，将奶牛膘情调整到合适状态，还需防止过度肥胖。日粮营养水平调整到：日粮中干物质进食量占体重的 $2.8\%\sim3.2\%$，每千克干物质含 $2.1\sim2.2$ 个奶牛能量单位，粗蛋白 $13\%\sim15\%$，钙 $0.4\%\sim0.65\%$，磷 $0.3\%\sim0.5\%$，粗纤维 $18\%\sim21\%$，精粗料比（30：70）～（40：60）。

（四）注意的事项

1. 母牛产犊后应密切注意其子宫的恢复情况，如发现炎症及时治疗，以免影响产后的发情与受胎。

2. 母牛在产犊 2 个月后如有正常发情即可配种，应密切观察发情情况，如发情不正常要及时处理。

3. 泌乳早期要密切注意母牛对饲料的消化情况，因此时母牛采食精料较多，易发生消化代谢疾病，尤为注意瘤胃弛缓、酸中毒、酮病、乳房炎和产后瘫痪。

4. 加强母牛的户外运动，加强刷拭，并给母牛提供一个良好的生活环境，冬季注意保温，夏季注意防暑和防蚊蝇。

5. 供给母牛足够量的清洁饮水。

6. 怀孕后期注意保胎，防止流产。

第五节　挤奶方法与挤奶技术

挤奶是成年母牛饲养管理中的重要工作环节，良好的挤奶技术和科学的操作程序可提高母牛产奶量，促进母牛乳房健康，保证奶的质量。

一、乳的分泌与排出

（一）乳的分泌

母牛泌乳期间，乳的分泌是连续不断的。刚挤完奶时，乳房内压低，乳的分泌最快，随着乳的分泌，贮存于乳池、导乳管、末梢导管和乳腺泡腔中的乳不断增加，乳房内压不断升高，使乳的分泌逐渐变慢，这时如不将奶排出（挤奶或犊牛吸吮），乳的分泌最后将会停止。如果排出乳房内积存的乳汁（挤奶或犊牛吸吮），使乳房内压下降，乳的分泌便重新加快。

（二）排乳反射

挤奶、犊牛吸吮，会刺激使母牛乳头和乳房皮肤的神经，传至神经中枢导致垂体后叶释放催产素，经血液到达乳腺，从而引起乳腺肌上皮细胞收缩，使乳腺泡腔内和末梢导管内贮存的乳受挤压而排出，此过程称排乳反射。排乳反射对挤奶是非常重要的。奶牛在两次挤奶之间分泌的牛奶，大部分贮存于乳腺泡及导管系统内，小部分贮存于乳池中，只靠挤奶操作，只能挤出乳池中及一小部分导管系统中的乳，而大部分贮存于乳腺泡及导管系统中的乳不能被挤出。只有靠排乳反射才能挤出乳房内大部分（全部）的乳。排乳反射时的刺激包括对乳房和乳头的按摩刺激、挤奶的环境条件等。排乳反射维持很短的时间，一般不超过5～7分钟。因而，在挤奶时一定要按操作规程迅速将乳挤完。

二、挤奶技术

为了提高奶牛的产奶量，除了重视育种和科学的饲养管理外，还要掌握正确的挤奶技术。经验证明，在正常的饲养条件下，正确和熟练的挤奶技术能充分发挥奶牛的产奶潜力，获得量多质好的牛奶，并可防止乳房炎的发生。挤奶的方法有手工挤奶和机器挤奶两种。我国目前奶牛业中机械化水平还不很高，除大中型奶牛场采用机器挤奶之外，手工挤奶占相当比重。而且即使采用机器挤奶，也还需与手工挤奶相配合。

（一）手工挤奶

有两种，即拳握法和滑榨法。

1. 拳握法　先用拇指与食指握紧乳头上端，使乳头乳池中的乳不能向上回流，然后中指、无名指和小指顺序依次握紧乳头，使乳头乳池中的乳由乳头孔排出。适用于乳头较长的奶牛。

2. 滑榨法　先用拇指、食指和中指捏紧乳头基部，然后向下滑动，使乳头乳池中的奶由乳头孔排出。适用于乳头较短的奶牛。滑榨法易对乳头皮肤造成伤害，因而如果乳头长度允许应尽量采用拳握法挤奶。

手工挤奶效率低，工人劳动强度大，容易对牛奶造成污染，优点是容易发现乳房的异常情况，并及时处理。在牛场规模较小、劳动力价格较低的情况下可采用手工挤奶。

3. 挤奶过程　手工挤奶时，奶桶一定要夹在挤奶员的两腿之间，要注意牛的后腿，防止奶桶被牛踢翻。通常挤奶员坐在牛的右侧一个挤奶凳上，避免用头或肩碰牛的肋腹以预防桶里掉进脏物和毛发等；仔细清洗擦拭乳房；当前乳区的奶将全部挤空时，挤奶工就应开始挤后乳区的奶。当 4 个乳区都挤空到相同程度时，就应回过头来再挤前两个乳区，挤出最后部分的奶。然后，以相同的方式再挤两个后乳区；在接近挤完奶时再次按摩乳房，然后将最后的奶挤净，将乳头擦干，药浴乳头。

（二）机器挤奶

挤奶机械尽可能模仿犊牛吸奶时的动作。犊牛吸奶的频率为45～70 次/分钟。因此，机器挤奶也交替地采用吮吸和按摩这两个动作，利用挤奶机形成的真空将乳房中的奶吸出。

挤奶机有便携式挤奶机、固定管道式挤奶机、各种形式的挤奶台以及可移动式挤奶车等。就奶的产量、质量和乳房卫生来说，机械挤奶时，各种方法都可达到同样理想的效果。此外，在乳房准备就绪后，应立刻安上挤奶器，至少要在 45 秒内完成。挤完奶后立即将挤奶机拿走，并把乳头浸湿或喷上药物。

机器挤奶有利于提高牛奶的卫生质量，也有利于保护奶牛的乳房，同时可以降低劳动强度，提高劳动生产率。虽然机器挤奶有上述优点，但操作时必须严格执行操作规程，特别要注意擦洗乳房，消毒并擦净乳头，检查牛奶是否正常；要严格清洗挤奶机械，并保持其完好，定期检修和更换挤奶杯；挤奶节拍要合适，挤奶完毕必须立即去除奶杯，防止空吸乳房，最好购买自动脱落的挤奶器。

第六节　奶牛生产性能测定

奶牛生产性能测定，是对奶牛泌乳性能及乳成分的测定，通常用 DHI（Dairy Herd Improvement）表示。其含义是奶牛群体改良，也称牛奶记录系统。DHI 系统的分析结果即 DHI 报告可以为牛场管理牛群提供科学的方法和手段，同时为育种工作提供完整而准确的数据资料。

一、DHI 推广应用的意义

DHI 是适用于奶牛生产的一项应用型技术。该技术克服了过去依据奶牛体形、体况（膘情）和兽医学检查等方法，评定奶牛生产性能与生理或病理状态时的主观性、滞后性等缺陷，通过客观测定牛奶中各主要成分组成及比例、体细胞含量与分类、综合生产性能等指标，应用电脑程序的系统分析与评定，更科学地预测和判断奶牛生产性能、生理状态和健康状态，从而达到：①通过调节奶牛饲料日粮的营养成分、营养水平和饲养管理方法，改善奶牛的体质，提高产奶量和牛奶营养含量。②监测奶牛健康状况，实现牛乳房炎、消化与代谢紊乱等高产奶牛最常见疾病的早期预防和控制，维持产奶牛最佳生理与生产状态。③预测奶牛产奶潜力，淘汰低产牛，并辅助牛的选种。

国外应用 DHI 以来，提高了奶牛群体品质，极大地改善了牛群的健康状态，减少了乳房炎等奶牛常见病的发病率，使奶牛的产奶量和牛奶的质量得到大幅度提高，并为奶牛的辅助选种提供了重要的依据。近几年，我国一些大的奶业公司已经开始推广应用DHI，并取得了良好的效果。

二、DHI 情况介绍

DHI 的具体工作由专门的测试中心来完成，牛场可自愿加入，双方达成协议后即可开展工作。测试中心将派专职采样员定期（原则上每月一次）到各牛场取样，收集奶量与基础资料，并将资料和奶样一起送至测试中心。测试中心负责对奶样进行奶成分和体细胞的检测，并把测试结果用计算机处理，最终得出DHI 报告，反馈到奶牛场。

DHI 测试对象为具有一定规模（20 头以上母牛）且愿运用这一先进管理技术来进行管理的奶牛场。采样对象为所有泌乳牛（不含 15 天之内新产牛，但包括手工挤奶的患乳腺炎的牛），测定间隔时间为 1 个月 1 次（21～35 天/次）。参加测定后不应间断，否则影响数据的准确性。

DHI 的工作程序：

1. 采样 用特制的加有防腐剂的采样瓶对参加 DHI 的每头产奶牛每月取样一次。所取奶样总量约为 40 毫升。每天 3 次挤奶者，早、中、晚的比例为 4∶3∶3；每天 2 次挤奶者，早晚的比例为 6∶4。

2. 收集资料 新加入 DHI 系统的奶牛场，应填写专业表格交给测试中心；已进入 DHI 系统的牛场每月只需把繁殖报表、产奶量报表交付测试中心。

3. 奶样分析 奶样分析有测试中心负责进行，主要测试指标有乳蛋白率、乳脂率、乳糖率、乳干物质含量以及体细胞数。

4. 数据处理及形成报告　将奶牛场的基础资料输入计算机，建立牛群档案，并与测试结果一起经过牛群管理软件和其他有关软件进行数据加工处理形成 DHI 报告。另外，还可根据奶牛场需要提供 305 天产奶量排名报告；不同牛群生产性能比较报告；体细胞总结报告；典型牛只泌乳曲线报告；DHI 报告分析与咨询。

三、几种常用 DHI 数据指标在生产中的应用

奶牛生产性能测定体系测定基础测试指标有日产奶量、乳脂率、乳蛋白率、体细胞数、乳糖率及总固体率。在最后形成的 DHI 报告中有 20 多个指标，这些是根据奶牛的生理特点及生物统计模型统计推断出来。通过这些指标可以更清楚地掌握当前牛群的性能表现状况，牛场管理者也可以从其中发现生产中存在的问题。

(一) 泌乳天数（DMI）

指产犊至测奶日的泌乳天数。通过此信息指标可以得知牛群整体及个体所处的泌乳阶段。在全年配种均衡的情况下，牛群的平均泌乳天数应该为 150～170 天。如果 DHI 报告提供的这一信息显著高于这一指标，则说明牛场在繁殖方面存在问题，应该加以改进或对牛群进行调整。对于长期不孕牛应该采取淘汰或特殊的治疗办法，保证牛群各牛只泌乳阶段有一个合理高效的比例结构。

(二) 胎次

胎次是衡量泌乳牛群组成结构是否合理的一个重要指标。一般情况下，牛群合理的平胎次为 3～3.5 胎，处于此状态的成乳

牛群能充分发挥其优良的遗传性能，具有较高的产奶能力，养殖效益也高；另外，也有利于维持牛场后备牛群与成乳牛的结构合理。调整牛群胎次比例结构，可提高牛群产奶量和经济效益的效果。

（三）乳脂率和乳蛋白率

乳脂率和乳蛋白率是衡量牛奶质量和按质定价的两个重要指标。乳脂率和乳蛋白率高低主要受遗传和饲养管理两方面的因素影响。因此，DHI报告提供的乳脂率和乳蛋白率数据资料对牛场选择公牛精液，促进牛群遗传性能提高，做好选配选育工作具有重要指导作用。另外，乳脂率和乳蛋白率下降可能是由饲料配比不当、日粮成分不平衡、饲料加工不合理以及奶牛患代谢病等因素引起。

（四）脂肪蛋白比

脂肪蛋白比是指牛奶中脂肪率与蛋白率的比值。一般脂肪蛋白比值应为1.12～1.36，如果乳脂率太低，可能是瘤胃功能不佳，存在代谢性疾病；日粮组成或精粗料物理性加工有问题。如脂肪蛋白比太低，可能是日粮组成中精料太多，缺乏粗纤维。

（五）校正奶

DHI报告中提供的校正奶是依据实际泌乳天数和乳脂率校正为150天、乳脂率为3.5%的日产奶量。可用于不同泌乳阶段奶牛泌乳水平的比较；也可用于不同牛群之间生产性能的比较。这为牛群的改良、选育提供参考数据。

（六）体细胞数（SCC）

体细胞数（SCC）是指每毫升奶中所含巨噬细胞、淋巴细胞和嗜中性白细胞等的总数。奶中体细胞数是衡量乳房健康程度和奶牛保健状况的重要指标，是牧场饲养管理工作中的一个指导性数据。奶中体细胞增加会导致奶牛产奶性能和乳汁质量下降，乳汁成分及乳品风味变化。

理想的牛奶体细胞数为：第一胎≤15万/毫升、第二胎≤25万/毫升、第三胎≤30万/毫升。体细胞数升高与许多因素有关。一般情况下，泌乳早期的细胞数要高于泌乳中期；体细胞数随胎次的升高而增加；寒冷或低温季节的体细胞数要低于高温季节；应激会导致体细胞数升高；乳腺炎会导致体细胞数显著升高。

对于体细胞数较高的牛群，应检查挤奶设备的消毒效果；挤奶设备的真空度及真空稳定性（真空泵节拍要均匀，不均匀易发隐性乳房炎）；奶衬性能及使用时间（奶衬破了要更换，否则易伤乳头）；牛床、运动场等环境卫生及牛体卫生、挤奶操作卫生。

（七）奶损失

指乳房受细菌感染而造成的泌乳损失。DHI 报告为牧场提供了详细的每头牛因乳房感染而造成的奶损失和牛群平均奶损失，为牛场计算具体经济损失提供了依据。产奶损失与体细胞数的关系及计算公式见表 6-7。

表 6-7 产奶损失与体细胞数的关系及计算公式

体细胞数（SCC）	奶损失（X）
SCC<15 万	$X=0$
15 万≤SCC<25 万	$X=1.5 \times$ 产奶量 $/98.5$
25 万≤SCC<40 万	$X=3.5 \times$ 产奶量 $/96.5$
40 万≤SCC<110 万	$X=7.5 \times$ 产奶量 $/92.5$

（续）

体细胞数（SCC）	奶损失（X）
110 万≤SCC＜300 万	$X=12.5\times$产奶量$/87.5$
SCC≥300 万	$X=17.5\times$产奶量$/82.5$

（八）305 天产奶量

DHI 报告数据中，如果泌乳天数不足 305 天则为预计产量，如果满 305 天则该数据为实际奶量。连续测奶 3 次即可得到 305 天的预测奶量。通过此指标可了解不同个体及群体的生产性能，可以分析得出饲养管理水平对奶牛生产性的影响。例如，某一头牛在某月的泌乳量显著低于所预测的泌乳量，则说明饲养管理等方面的某些因素影响了奶牛生产性能的充分发挥；相反则说明本阶段的饲养管理水平有所提高。此指标也可以反映该出牛场整体饲养管理水平的发展变化。

（九）峰值奶量与峰值日

峰值奶量是指一个泌乳期的最高日产奶量，正常情况下在产后约 50 天出现产奶高峰，在产后约 90 天出现采食高峰。泌乳早期奶牛体重下降，直到采食高峰后，开始恢复。如果希望产奶量提高，必须注意峰值奶量。

峰值日表示产奶峰值日发生在产后的多少天。该项提供了营养的指标，一般奶牛产后 4～6 周达到其产奶高峰。如果高峰提前到达，产奶量很快下降，应从补充微量元素、加强疾病防治方面入手。如果产后正常达到产奶高峰，但持续力较差，达到高峰后很快又下降，说明产后日粮配合有问题。如果达到产奶高峰很晚，说明奶牛饲养不当或分娩时体况太差。

（十）干奶期时间

指具体的干奶期时间。如果干奶时间过长，则说明牛群在繁殖方面存在问题；如果干奶期时间过短，则说明牛场存在影响奶牛及时干奶的管理和非管理问题，将会影响到下胎次的产奶量。

（十一）泌乳天数

指奶牛在本胎次中的实际泌乳天数，可反映牛群在过去一段时间的繁殖状况。泌乳期太长说明牛群存在繁殖等一系列问题，可能是配种技术问题，还可能是饲养管理问题，还可能是一些非直接原因所致。

（十二）持续力

根据个体牛只测定日奶量与前次测定日奶量，可计算个体牛只的泌乳持续力（泌乳持续力＝测试日奶量/前次测试日奶量×100％），用于比较个体牛只的生产持续能力。泌乳持续力随着胎次和泌乳阶段而变化，一般头胎牛产奶量下降的幅度比二胎以上的要小。

影响泌乳持续力两大因素是遗传和营养。泌乳持续力高，可能预示着前期的生产性能表现不充分，应补足前期的营养不良。泌乳持续力低，表明目前饲养配方可能没有满足奶牛产奶需要，或者乳房受感染、挤奶程序和挤奶设备等其他方面存在问题。

第七节　奶牛饲养管理技术规程

一、技术规程

(一) 范围

本规程规定了奶牛的饲养方法、饲料、管理、分娩、挤奶、配种和防疫等。适用于奶牛的饲养管理。

(二) 名词术语

1. 高产奶牛　指 305 天产奶量达 6 000 千克以上，含乳脂率 3.2%以上。

2. 初产牛　指第一次分娩后的母牛。

3. 新产牛　指任何一个胎次刚分娩后的母牛。

4. 育成牛　指第一次怀孕前的母牛。

5. 犊牛　指哺乳期内的小牛。

6. 围产期　指母牛分娩前、分娩后各 15 天以内的时间。

7. 泌乳高峰期　指分娩 15 天以后，到泌乳高峰期结束，一般指产后 16～100 天以内的泌乳时间。

8. 泌乳中期　指泌乳高峰期之后、泌乳后期之前的一段时间，一般指产后第 101～200 天。

9. 泌乳后期　指泌乳中期之后、干奶期以前的一段时间，一般指产后第 201 天至干奶期。

10. 干奶期　指停止挤奶到分娩前 15 天的一段时间。

11. 粗饲料　指在干物质中粗纤维占 20%以上的饲料。如干草、玉米秸和稻草等。

12. 块根　指马铃薯、胡萝卜、甜菜和南瓜等。

13. 青干草　指以各种野草或播种的牧草为原料调制而成的干草，不包括各种作物秸秆。

14. 青绿饲料　指饲喂状态是青绿的，含水量在50％以上的菜类、青草和青割玉米等。

15. 糟渣类　也称副料，主要有酒糟、粉渣、豆腐渣和糖渣等。

16. 蛋白质饲料　指饲料干物质中粗纤维在18％以下、粗蛋白质在20％以上的饲料，如豆饼、葵花饼和大豆等。

17. 能量饲料　指饲料干物质中粗纤维在18％以下、粗蛋白质在20％以下的高能量饲料。如玉米面。

18. 精饲料　指谷实类、糠麸类和粕类饲料。

19. 矿物质饲料　主要包括食盐、骨粉、石粉、石垩、贝壳粉、脱氟磷酸盐以及微量元素。

20. 日粮　指在一昼夜内，一头奶牛采食的各种饲料之和。

（三）饲料

1. 每头奶牛全年贮备供给饲料，饲草数量见表7-1。

表7-1　每头奶牛全年贮备饲料和饲草数量

单位：千克/头

饲料名称	成母牛	育成牛	犊牛
优质干草（包含20％豆科草）	2 000～3 000	2 000～3 000	500
玉米青贮	5 000～8 000	2 000～3 000	500～800
青割饲料	3 000～5 000	1 000	500
块根类（胡萝卜、甜菜）	1 000～2 000	500～600	100～200
糟渣类（酒糟、豆腐渣）	3 000～5 000	2 000	1 000
豆饼	600～800	300～400	90～100

（续）

饲料名称	成母牛	育成牛	犊牛
玉米面	1 200～1 500	500～600	150～200
麦麸	400～600	200～300	80～100
骨粉	30～60	30～60	10～20
食盐	25～40	15～20	5～10

精饲料的各个品种应做到常年均衡供应，其中矿物质饲料应占饲料量的 2%～3%。

2. 要种植紫花苜蓿和其他牧草，并于抽穗期收割。豆科或其他干草应在开花期收割。青干草的含水量应在 15% 以下，绿色、芳香、茎枝柔软、叶片多、杂质少，并应打捆和设棚贮藏，防止营养损失。其干草要切碎，切铡长度应在 3 厘米以上。

3. 建议应喂带穗玉米青贮。青贮原料应富含糖分，干物质在 25% 以上。青贮玉米在蜡熟期收贮，贮藏要用塑料薄膜或青贮塔（窖）。制成的青贮要呈黄绿色或棕黄色，气味微酸带酒香味。

4. 对于胡萝卜、甜菜等块根茎饲料要妥为贮藏，防霉防冻，喂前洗净切成小块。糟渣类饲料要鲜喂。

5. 库存精饲料的含水量不得超过 14%，谷实类饲料喂前应粉碎成 1～2 毫米的小颗粒。一次加工不应过多，夏季以 10 天内喂完为宜。

6. 保证矿物质饲料，应有食盐和一定比例的常量和微量矿物盐。如骨粉、碳酸钙、磷酸二钙、脱氟磷酸盐类及微量元素，并应定期检查饲喂效果。

7. 配合饲料应根据每年一次的常规营养成分测定结果，结合高产奶牛的营养需要，选用饲料进行加工配制。

8. 应用商品配合饲料时，必须了解其营养价值。

9. 应用化学、生物活性等添加剂时，必须了解其作用与安全性。

10. 严禁饲喂霉烂变质饲料、冰冻饲料、农药残毒污染严重的饲料、被病菌或黄曲霉菌污染的饲料和未经处理的发芽马铃薯等有毒饲料，严密清除饲料中的金属异物。

(四) 营养需要

1. 干奶期 此期的任务是恢复体力、瘤胃复原、乳腺组织再生和胎儿营养。因此，日粮干物质应占体重 2%～2.5%，每千克饲料干物质含 1.75 个奶牛能量单位，粗蛋白 11%～12%，钙 0.6%，磷 0.3%，精料和粗饲料比为 30：70，粗纤维含量不少于 20%。

2. 围产期 分娩前 15 天日粮干物质应占体重 2.5%～3%，每千克饲料干物质含 2 个奶牛能量单位，粗蛋白占 13%，含钙 0.2%，磷 0.3%；分娩后立即改为钙 0.6%，磷 0.3%，精料和粗饲料比为 40：60，粗纤维含量不少于 23%。

3. 泌乳高峰期 此期的奶牛产量约占泌乳期产量的 40%。为了牛只在此期不过度落膘，调动增产潜力，日粮干物质应保持占体重 2.5%～3.5%。每千克干物质含 2.40 个奶牛能量单位，粗蛋白占 16%～18%，含钙 0.7%，磷 0.45%，精料和粗饲料比由 40：60 逐渐改为 60：40，粗纤维含量不少于 17%。

4. 泌乳中期 此期日粮干物质应占体重 3.0%～3.2%，每千克干物质含 2.13 个奶牛能量单位，粗蛋白占 13%，钙 0.45%，磷 0.35%，精料和粗饲料比为 40：60，粗纤维含量不少于 17%。

5. 泌乳后期 此期日粮干物质应占体重 3.0%～3.2%，每千克干物质含 2.00 个奶牛能量单位，粗蛋白占 12%，含钙 0.45%，磷 0.35%，精料和粗饲料比为 30：70，粗纤维含量不少于 20%。

（五）饲养方法

1. 干奶期 日粮以粗饲料为主，控制精饲料、苜蓿干草和玉米青贮的喂量，严禁喂块根、块茎类饲料，适当减少糟渣类饲料。母牛干奶最初日喂 0.5～2.0 千克精料，以后每周酌情增加 0.5 千克，到围产前精料喂量应为每 100 千克体重 1 千克，同时补喂矿物质、食盐，保证喂给一定数量的长干草。

推荐干奶期牛日粮组成配方：玉米 2.6 千克、豆饼 0.7 千克、麦麸 0.5 千克、干草 6.5 千克、青贮 12 千克、盐 0.05 千克、预混料 0.6 千克。

2. 围产期 必须精心饲养，分娩前两周必须给予优质干草，可逐渐增加精料，但最大喂量不得超过体重的 1%。青贮饲料在分娩前一周左右停喂，还要降低钙的喂量，以防母牛产后瘫痪。分娩后 1～2 日应以优质粗饲料为主，喂给容易消化的饲料，如小麦麸皮粥，加少许盐饮喂，补喂 40～60 千克硫酸钠，自由采食优质干草，适当控制食盐喂量，不得以凉水饮牛。分娩后 3～4 日起可逐渐喂精料，每天增加喂量 0.5 千克，青贮、块根喂量必须控制。分娩两周以后在奶牛食欲良好、消化正常、恶露排净和乳房生理肿胀消失的情况下，日粮可按标准喂给，可逐渐增加青贮、块根类饲料的喂量，禁止过早催奶。

3. 泌乳高峰期 必须饲喂高能量的饲料，并使高产奶牛保持良好食欲，尽量采食较多的干物质和精料，但不宜过量，适当增加饲喂次数，多喂品质好、适口性强的饲料。在泌乳期开始，每头每天在饲料中喂小苏打 150 克，可使产奶高峰期保持 8

个月。

推荐日泌乳 40 千克成母牛日粮配方组成为：玉米 4.7 千克、豆饼 2.5 千克、麦麸 1.7 千克、干草 4 千克、青贮 19 千克、盐 130 克、小苏打 150 克、预混料 0.38 千克。

4. 泌乳中期　根据此期泌乳量逐渐下降、胎儿生长发育缓慢和母牛体重下降的特点，饲养的任务是保持产奶量高峰的持久性。在饲喂上要坚持"多产多喂"、"少产少喂"的原则，要做到"以奶定料"。

5. 泌乳后期　要根据此期胎儿发育快和母牛泌乳量显著下降的特点，要求按维持产奶量、复膘和胎儿生长发育 3 个方面营养需要供给日粮，但应防止牛体过肥。

6. 初孕牛在分娩前 2～3 个月应转为成母牛群，并按照成母牛干奶期的营养水平进行饲喂。分娩后，在维持营养需要的基础上增加 20%的生产发育料，第二胎增加 10%。

7. 夏季日粮应适当提高营养浓度，降低饲料中粗纤维含量，增加精饲料和蛋白饲料比例，并补喂块根块茎类饲料，保证充足饮水；冬季日粮营养要丰富，增加能量饲料，泌乳母牛夜间 11 时左右增加 1 千克精料加工成 38 ℃的热粥喂给，可提高 13%产奶量并增强牛体抗寒能力。其粥的做法是：先用少量水把粉状精料冲稀，将疙瘩研开，待锅内水沸腾后倒入，搅拌至开锅 5～10 分钟即可，料水比例为冬天 1：（10～15）、夏天 1：（20～30），粥中可加入少许食盐，以增加适口性。

（六）管理措施

1. 牛场应建造在地热高燥、采光充足、排水良好、环境幽静、交通方便、没有传染病威胁、易于组织防疫的地方，严禁在低洼潮湿、排水不良和人口密集的地方建场。

2. 牛舍建筑应符合卫生要求，坚固耐用，冬暖（舍温要保持 8～16 ℃）、夏凉、宽敞明亮、具备良好的清粪排尿系统，舍外设粪尿池。

3. 在牛舍外的向阳面，应设运动场，并和牛舍相通。每头牛占用面积 20 米² 左右，运动场地面应平坦，要有一定坡度，四周建有排水沟，场内有饮水槽。

4. 严格执行兽医防疫、检疫制度。一是对牛舍用具定期消毒。二是对牛群定期免疫注射口蹄疫疫苗。三是对牛群每年定期在春秋两季分别进行奶牛健康检查（重点检疫布鲁氏菌病、结核病），凭健康证销售鲜奶。四是在春秋季节进行一次修蹄。五是定期驱虫，驱虫投药时间在母牛分娩后 49 小时以内，每头牛用噻苯咪唑 45 克，经口直接投入，一次投完。

5. 合理安排作息时间，各项工作日程必须在规定时间内完成。一是保证饮水，应在每天早、中、晚各饮两次，夜间再饮一次，泌乳牛的饮水量可按日产奶量的 3～5 倍供给。奶牛冬季饮水适宜温度为：成母牛 12～14 ℃，产奶和怀孕母牛 15～16 ℃，犊牛 37～38 ℃为宜。二是要让奶牛每天有适当运动，保证每天中午前后和夜间将牛撵出舍外运动 1 小时左右。三是每天刷拭牛体 1～2 次，保持体表清洁，同时每天保证日光浴（舍内安装日光灯）16 小时，促进血液循环。四是棚圈、舍内勤打扫，牛床保持清洁干燥，每天更换垫草。五是要经常观察奶牛的行为、食欲、反刍、休息等情况，发现问题及时解决。

6. 对高产奶牛每胎必须有 60 天的干奶期，采用快速干奶法（用干奶膏配方：豆油 40 毫升、青霉素 50 万国际单位、链霉素 100 万国际单位、磺胺粉适量混合即成），干奶前用 CMT 法进行隐性乳房炎检查，对强阳性（＋＋以上）应治疗后干奶。在最末一次挤奶后，每个乳头内注入干奶膏 10 毫升即可，干奶后应加强检查和护理。

(七) 分娩挤奶

1. 奶牛产前两周进入产房，对出入产房的奶牛应进行健康检查。产房必须干燥卫生、无贼风。同时要加强围产期的护理，母牛分娩前，应对其后躯、外阴用 2%～3% 来苏儿液进行清洗。对于分娩正常的母牛不得人工助产，如遇难产，兽医应及时处理。

2. 当胎儿体露出时，撕破羊膜接取羊水但不应过早破水，在破水后 30 分钟能正常娩出。当胎儿头部露出外阴后，用消毒过的毛巾消除口、鼻的黏液，脐带没有断开的，可移动胎儿使其自然断开，断开后用手挤出内容物，用碘酒倒入脐带鞘内消毒及时除清污染垫草。

3. 对奶牛分娩后，应及早驱使站起，饮以温水和 1～2 瓶啤酒，喂以优质青干草，同时用温水或消毒液清洗乳房、后躯和牛尾。然后清除粪便，更换清洁柔软褥草。分娩后 30 分钟内进行第一次挤奶尽快喂给新生犊牛，但不要挤净。挤奶前应热敷与按摩乳房，适当增加挤奶次数，同时观察母牛食欲、粪便及胎衣的排出情况，如发现异常，应及时诊治。分娩两周后，应做酮尿病等检查，如无疾病，食欲正常，可转大群管理。

4. 初生后犊牛放在新干草上，擦去全身黏液去掉软蹄，称重后放入犊牛栏内。并在初生 30 分钟内喂给初乳，使犊牛尽快产出抗体。

5. 挤奶次数　对泌乳高峰期或初产牛，日产奶超过 20 千克以上的牛每天应挤奶 3～4 次；泌乳中期，日产奶 15～20 千克的牛每天可挤奶 3 次；泌乳中期，日产奶 15 千克以下的牛可以每天挤奶 2 次。

6. 挤奶员必须是无肝炎、无布鲁氏菌病、无结核病史的健康者，但挤奶前必须经常修剪指甲，穿好工作服，洗净双手，每挤完一头牛应洗净手臂。洗手的水中应加 0.1％漂白粉，同时要求每次挤奶后，挤奶桶、盛奶桶、洗乳房桶和毛巾要洗净，并定期进行消毒。

洗涤方法应先用凉水冲洗，后用温水清洗，再用 0.5％火碱温水（45～53 ℃）刷洗干净，最后用清水冲洗、晾干。

7. 挤奶环境应保持安静，对牛态度要和蔼。挤奶前牛体后躯、腹部及牛尾应先清洗干净，然后用温水（45～50 ℃）按先后顺序擦洗乳房乳头，乳房底部中沟、左右区与乳镜，每擦洗 3～4 头牛换水一次。擦洗用带水较多的湿毛巾拧干后来擦干乳房。

8. 乳房洗净后应进行按摩，待乳房膨胀、乳静脉怒张，出现排乳反射时，即应开始挤奶。第一～三次挤出的奶含细菌多，应弃去。挤奶时严禁用牛奶或凡士林擦抹乳头，挤奶后还应再次按摩乳房，然后一手托住各乳区底部，另一手把牛奶挤净。初孕牛在妊娠 5 个月以后，应进行乳房按摩，但不得擦拭乳头，到分娩前 15 天停止按摩。

9. 手工挤奶时应采用拳握式，开始用力宜轻，速度稍慢，待排乳旺盛时应加快速度，每分钟压挤 80～120 次，每分钟挤奶量不少于 1.5 千克。注意挤奶时不闲谈、不吸烟、不高声喊、不吵闹、不打牛、不许生人进入。

10. 每次挤奶必须挤净，先挤健康牛，后挤病牛。牛奶挤净后擦干乳房，用 4％碘甘油浸泡乳汁。

11. 机器挤奶真空压力应控制在 4.53×10^4～5.07×10^4 帕，搏动器搏动次数每分钟应控制在 60～70 次。出奶少时，应对乳房进行自上而下地按摩，并应防止空挤。挤奶结束后，挤奶机应全部拆洗消毒。初产牛 10 天内、患乳房炎的牛或对正在使用抗菌素和停药 6 天内的病牛应改用手挤，待病愈后恢复机器挤奶。

12. 认真做好产奶记录，刚挤出的牛奶应立即通过滤器或多层纱布进行过滤，过滤后的牛奶，应在 2 小时内冷却到 4～8 ℃入冷库保藏。过滤用的纱布每次用后应洗涤消毒，并定期更换，保持清洁干净。对变质奶、初奶、病牛奶和停奶超过 24 小时的，不要混入正常牛奶内，可装入别的桶另行处理。

（八）配种

1. 新产牛应于第二～三个发情期配种，初配牛应在 15～18 月龄，体重应为成母牛 60% 以上为宜。

2. 观察奶牛发情表现，如站立不安、鸣叫、张望、弓腰举尾、频尿、外阴部肿胀、有透明黏液流出、阴道黏膜潮红和爬跨等。每个情期要输精 1～2 次，每次间隔时间 10～12 小时，按时妊检做好记录。

3. 合理安排全年产犊计划，炎热月份应尽量控制产犊头数，安排全年配种产犊计划时，应考虑均衡供奶和牛舍合理利用等情况。

4. 母牛分娩后 20 天，应进行生殖器检查，发现异常及时治疗。产后母牛空怀期不能超过 90 天。

5. 严格制订选配计划，选用省站优良种公牛精液进行配种，杜绝使用本地公牛本交配种，必须保证种公牛精液的质量。

（九）犊牛饲养

饲养好犊牛必须掌握好以下四关：

1. 喂奶关　对新生犊牛尽快在 15 分钟内喂给初乳，最迟不要超过 30 分钟，初次喂给初乳 1～1.5 千克，连喂 7 天，7 天后喂给常乳。喂奶要采取人工喂乳法，用奶瓶套上橡皮乳头喂奶，如犊牛不能吮吸奶汁，可人工将手指沾上奶汁塞入犊牛嘴里进行诱导，如此反复诱导 2～3 次，犊牛便可自行吸奶。喂奶要采取三定：定时、定量、定温。

"定时"即是每天喂奶 6 次，喂奶时间定为 7：00、10：00、13：00、16：00、19：00、22：00。

"定量"即是建议在犊牛 3 个月哺乳期间喂奶量应按以下日龄喂给：1～10 日龄，前 7 天喂初乳 4 千克/(头·日)；后 3 天喂常乳 4 千克/(头·日)；11～20 日龄喂常乳 6 千克/(头·日)；21～30 日龄喂常乳 7 千克/(头·日)；31～40 日龄喂常乳 8 千克/(头·日)；41～50 日龄喂常乳 7 千克/(头·日)；51～60 日龄喂常乳 6 千克/(头·日)；61～70 日龄喂常乳 5 千克/(头·日)；71～80 日龄喂常乳 4.5 千克/(头·日)；81～90 日龄喂常乳 2.5 千克/(头·日)。

"定温"即是入口奶温在 37～38 ℃。

2. 饲养关 一是早补给干草。犊牛从 7～10 日龄开始，训练其采食干草，在犊牛栏的草架上放置优质干草，供其采食咀嚼，促进犊牛发育。二是早喂精料，犊牛生后 7～10 天，开始训练采食精饲料。初喂精料时，可在犊牛喂完奶后，将犊牛嘴唇上诱其舔食，经 2～3 天后，可在犊牛栏内放置饲料盘，放置犊牛料任其自由舔食。最初每头日喂干粉料 10～20 克，数日后可增至 80～100 克，等适应一段时间后再喂混合湿料，即将干粉用温水拌湿，经糖化后给予。湿料给量可随日龄的增加而逐渐加大。三是喂给多汁饲料，从生后 20 天开始，在混合精料中加入 20～25 克切碎的胡萝卜，以后逐渐增加。四是早饮水。最初需饮 37～38 ℃的温开水，10～15 日龄后可改饮常温水，夏天一月龄后可在运动场内备足清水，任其自由饮用。五是补饲抗生素。为预防犊牛拉稀，每头补饲 1 万微克的金霉素，30 日龄以后停喂。

3. 管理关　一是在冬季要注意牛舍保温防寒，在犊牛栏内要铺柔软、干净的垫草，舍内光照充足，空气新鲜，无穿堂风。二是去角，犊牛出生后 7～10 天，用电烙法去角。三是在犊牛出生后 5～6 天，每日必须刷拭牛体一次，并要注意进行适当运动。

4. 断奶关　犊牛哺乳期一般为 3 个月。喂 7 天初乳，第八天喂代乳料，一个月后喂混合精料及优质干草。喂料量为体重的1％。代乳料配比是：豆饼 27％、玉米面 50％、麦麸 10％、鱼粉 10％、维生素和矿物质添加剂 3％。

（十）育成母牛饲养

1. 犊牛断奶后到配种前的育成牛，日增重 0.65～0.85 千克，日粮以青饲料为主。9～11 月龄前，每天补喂精料 1.5～2.5千克，含蛋白质 20％；11 月龄以后每天应补饲钙磷和矿物质饲料。

2. 13～15 月龄的育成牛，应注意观察发情表现并记录发情日期，对不发情牛检查原因，开始调教训练，摸乳房、颈部。

3. 初孕牛在怀孕前 7 个月，日增重 0.5～0.6 千克，日粮仍以青饲料为主。分娩前应补料，但不应超过体重 1％。

4. 育成牛日粮组成：玉米面 1.58 千克、豆饼 0.26 千克、麦麸 0.31 千克、干草 4 千克、青贮玉米 4 千克、盐 0.03 千克、预混料 0.09 千克。

（十一）育种

1. 牛群结构　产奶牛应占总数 60％～65％，头胎怀孕母牛10％～11％，1～2 岁的母牛 11％～12％，1 岁以下母牛 12％～15％，每年产奶牛更新不少于 15％。

2. 选留母牛时要求 体高 130 厘米以上，头胎产奶量 4 000 千克以上，乳脂率 3.4％以上，外貌评 65 分以上，体重 380 千克以上。

(十二) 统计记录

1. 牛籍卡片登记 犊牛出生栏：出生当日填写。配种繁殖栏：配种、分娩后及时填写。生产性能栏：每个泌乳期结束后填写。外貌鉴定栏：鉴定后填写。

2. 产奶记录。

3. 繁殖记录。

4. 饲料消耗记录。

5. 各种记录要准确及时填写，不能随意删改。

(十三) 防疫

1. 认真实施《动物防疫法》中的动物依法防疫的有关规定，按时进行疫苗免疫注射和检疫，并定期消毒。对检出的传染病要隔离，对生前已确诊为炭疽、口蹄疫、布鲁氏菌病的牛不可私自解剖，要及时报告上级兽医行政部门处理或焚烧、深埋。迅速消灭传染源。

2. 对新购入的外地奶牛入场前要隔离观察饲养一个月，确定无病时方可入群。外卖牛时，必须持有效期内的免疫注射证明和动物产地检疫合格证。

3. 对牛体内外寄生虫要定期驱虫。如牛疥癣要在春秋两次洗浴，也可在秋季或入冬前进行内服药物体内驱虫。

4. 病牛经确诊为传染病时，要本着"早、快、严、小"的原则，立即封锁，对未发病牛立即用疫苗、血清或药物等，进行防治。对传染病牛所污染的牛舍、用具、工作服、运动场、饲料及其他被污染物一律进行彻底消毒，其病牛粪及铺草等物要焚烧。

二、奶牛的饲料计划

（一）成年母牛的饲料计划

一头成母牛需要的各种饲料数量：

1. 干草和秸秆每天不少于 5 千克，一年 1 800 千克以上；青贮和青绿饲料每天 22 千克，一年 8 000 千克左右。

2. 混合精料　平均每天 10 千克左右，一年约 3 600 千克（其中玉米 1 800 千克，麸皮 600 千克，饼粕类 1 000 千克，钙粉、食盐、骨粉、瘤胃缓冲剂、添加剂各 40 千克）。

3. 多汁饲料　多汁饲料每天 6～8 千克。

（二）后备母牛的饲料计划

后备母牛的饲料需要量折合成成年母牛头数计算，折合比例为：犊牛（0～6 月龄）4 头折 1 头，育成年（6～18 月龄）2 头折 1 头，青年牛（18 月龄至初产）1 头折 1 头。按正常的牛群结构，犊牛占 9%、育成牛占 18%、青年牛占 13%、成母牛占 60%，可按全群头数的 84% 折合成母牛头数。

三、奶牛饲养关键时期的管理

奶牛的饲养可分为 4 个阶段：泌乳初期（产后 70 天）、泌乳中期（产后 71～140 天）、泌乳后期（产后 141～305 天）、干乳期（产后 306～365 天）。产前 30 天（第二个干乳月）至产后 70 天（泌乳初期）是奶牛饲养最关键的 100 天，需经历停乳、分娩、哺乳、大量泌乳及初配等生理过程。

产前 30 天的干乳期，是奶牛充分休息、促进胎儿生长发育、修补体组织、蓄积营养、乳腺组织得到更新的时期。奶牛受内分泌的影响，干物质进食量明显减少，临产前 5～7 天减少至仅为体重的 1％。试验表明：在同样的饲养条件下，无干奶期连续挤奶的牛比有干奶期的牛第二胎产奶量下降 25％，第三胎则下降38％，随胎次的增加，产奶量下降幅度增大。可见，干奶期对提高产奶量和保持母牛健康是十分必要的。产后 70 天为泌乳初期，在这个时期，奶牛干物质进食量仍未完全恢复，约比泌乳后期低15％。产后几天食欲最差，进食量也很低，而泌乳量则天天增加（产后 4～8 周出现泌乳高峰），造成养分入不敷出。为了供给产奶所需能量，奶牛会消耗脂肪，同时抑制体脂的合成。据测定，这段时期一般母牛体重降低 35～50 千克，每天平均降低500～700 克。一般最高日产奶量出现在产后 4～8 周，而最高干物质进食量则出现在产后 10～14 周，因而造成了泌乳初期母牛体内能量的负平衡，机体此时处在营养不良状态，极易发生代谢障碍性疾病，如产后瘫痪、胎衣不下、皱胃变位和酮病等。虽发病多在哺乳初期，但会给整个泌乳期甚至下一个泌乳期的生产和繁殖带来很大的影响。因此，抓好产前 30 天至产后 70 天的饲养管理，是养好奶牛的关键，不仅影响到母牛本胎次的产奶量，也直接关系到产后发情、配种、妊娠以及下一胎的产奶量等。这个时期的管理如稍有失误，就会给奶牛以后的生产性能和繁殖性能带来长期的不可逆的影响，为确保这 100 天的科学管理，需注意以下几方面：

（一）控制围产期疾病的发生

1. 酮病　是乳牛最主要的代谢障碍性疾病，可引起整体能量代谢的紊乱。经测定，牛乳中酮体浓度高峰起于哺乳后 17～

31天，乳中酮体浓度高的牛，不仅泌乳量下降，乳质量下降，体重减轻，生殖系统疾病和其他系统疾病发病率增高，而且初配所需时间长，受胎率低，配种次数增加，空怀期延长。预防酮病发生的饲养原则是根据奶牛体况确定饲料能量水平，使之既不过肥，也不过瘦。日粮中蛋白质的含量应适中，约占16％。舍饲奶牛按每千克产奶量供给精料约3千克。

2. 产后瘫痪　低血钙是导致产后瘫痪的主要原因。据报道，母牛随生产次数的增加，生产能力不断增强，但产后瘫痪的发病率也随之提高，泌乳量大的牛患病率更高。经测定，患产后瘫痪的牛可使生产年限缩短三四年，其他代谢性疾病的发病率也明显增高。据试验，在产前第二个干乳月，每日每头牛进食钙20克、钙磷比例控制在2：1时，可有效预防产后瘫痪。

3. 胎衣不下　产后胎衣不下和生殖器官的感染多发生于营养不良的牛，主要因缺乏钙、维生素E和硒，造成产后子宫收缩无力及胎盘炎症。因此，对孕畜应保证维生素和矿物质的供应，同时还要注意妊娠后期的适当运动。

4. 产后截瘫　常因胎儿过大、胎位不正使奶牛难产，挫伤了坐骨神经或闭孔神经而引起。产后截瘫造成的损失不仅仅是泌乳量的减少，更重要的是奶牛在遗传能力未得到最大限度发挥前即遭淘汰。

5. 皱胃移位　奶牛由于分娩，血中钙的浓度会降低，肌肉张力下降，引起皱胃移位。据报道，产后瘫痪也是诱因，可使皱胃移位的发病率增加4.8倍。子宫炎、乳房炎引起的妊娠中毒也可引起皱胃移位。皱胃移位虽然可通过手术治疗，但以后的泌乳量与同群其他奶牛相比降低8％～10％。经对一个800头奶牛场调查的结果表明：减少经产牛日喂精料至4～5千克时，本病年仅发生1例（0.12％）。

（二）保证饲料及营养物质的合理配给

1. 产前 30 天

（1）精料配方。我国奶牛饲养所用粗料，一般平均粗蛋白质含量在 5%～8%，产奶净能为每千克 3.766 兆～4.184 兆焦。在这样的条件下，体重 600～650 千克和 500～550 千克的奶牛干乳后期的精料配方：玉米 52% 和 44%、豆饼 34% 和 18%、麸皮 13% 和 37%、食盐均为 1%。

（2）日粮组成。体重体重 600～650 千克和 500～550 千克的奶牛，干乳后期每日每头来食精料 3 千克，中等羊草 3～3.5 千克和 2.5～3 千克，青贮玉米 18 千克和 17 千克。

以上每千克配合料中添加硫酸铜 83 毫克、硫酸锰 570 毫克、硫酸锌 571 毫克、氯化钴 6.1 毫克、碘酸钙 2.6 毫克和亚硒酸钠 2.6 毫克。此外，每千克干物质中添加维生素 A 16 000 国际单位，维生素 D 4 000 国际单位，维生素 E 70 国际单位。

（3）饲养技术。为预防发生皱胃变位，日粮中要添加 2～3 厘米长的干草。近年来国内外试验表明，干奶期奶牛口粮总营养水平如在维持基础上加 3～5 千克标准乳水平的营养用来配合日粮饲养，可保持干奶期平均日增重 0.35～0.5 千克。这对于发挥奶牛下一胎产奶量的遗传潜力，预防营养代谢病，如酮病、肥胖综合征、消化机能障碍和皱胃变位、瘤胃角化不全等均有明显的效果。

2. 产后 70 天

（1）精料配方。玉米 45%、熟豆饼（粕）19%、玉米高蛋白 18%、麸皮 10%、鱼粉（或酵母饲料）5%、骨粉 1.7%、碳酸钙 0.4%、食盐 0.8%、强化微量元素与维生素添加剂 0.1%。

（2）日粮组成。产后 30 天内的泌乳牛，每日每头采食精料 6.5 千克、啤酒糟 8 千克。青贮玉米 15 千克、干草（羊草）4.5 千克。产后 31～70 天的泌乳牛，每日每头喂精料 10 千克、啤酒糟 12 千克、青贮玉米 15 千克和干草 4.5 千克。精饲料与粗饲料的比例，按干物质计算，分别约为 55%：45% 和 60%：40%。

日粮中营养物质的含量，产奶净能（兆焦/千克干物质）为 7.28～7.53，粗蛋白质为 18%，粗纤维为 15%，钙为 0.81%，磷为 0.58%，钙、磷比为 1.5：1。当泌乳牛日粮中精料过多，粗纤维为 13%～14% 时，为了保持瘤胃的正常环境和消化机能，防止前胃弛缓和乳脂含量下降，应另外添加氧化镁与碳酸氢钠，这些物质对瘤胃的酸度有中和作用，称作缓冲剂。其用量：碳酸氢钠为精料的 1%～1.5%，氧化镁为精料的 0.5%～0.8%。应用结果表明：试验组比对照组牛的乳脂率可提高 0.4%～0.5%。

（3）饲养方法。泌乳初期奶牛的饲养方法有以下两种：

① 传统饲养法：产犊后应让其自由采食优质干草，尽量避免喂过多的青贮玉米。喂料后观察奶牛当日的进食情况，若不剩精料，且吃了大量干草，排粪、反刍等正常，奶量也在增加，则可每天增喂 0.5～1 千克精料，若有剩料，且采食粗料较少，进食过慢，食欲明显不佳，则不能加料。每日精料分 3 次喂给，一般每次投料量不超过 3 千克，并应与粗料拌好后再喂。其精料量应控制在每产 3 千克常乳投给 1 千克精料。每 3 天要测一次产奶量，每 10 天测一次乳脂率，以指导生产。

② 全价日粮（完全混合日粮）饲养法：先按泌乳初期的产奶量、乳脂率、体重和减重程度等因素计算好奶牛所需的营养成分，再计算相应的日粮营养水平和调制的总量，确定饲料配方，然后把铡得较短的粗饲料、精料、糟粕类饲料、缓冲剂、矿物质

元素和维生素等添加剂混合均匀，供牛自由采食。这样不会发生消化机能失调、瘤胃酸中毒和过食等问题，且进食量大，营养平衡，奶量上升快。

总之，加强饲养管理，保证营养供给，预防疾病，尽量减少产前转舍等造成的环境应激，是充分发挥奶牛生产和繁殖能力的关键。

主 要 参 考 文 献

陈艳，杨洁，等 .2008. 青贮饲料的生产制作技术规范 [J]. 畜牧与饲料科
　　学（2）：26 - 27.

董德宽 .2003. 乳牛高效生产技术手册 [M]. 上海：上海科学技术出版社 .

侯引绪，魏朝利 .2012.DHI 技术体系与应用 [J]. 中国奶牛（10）：
　　42 -45.

蒋林树，陈俊杰 .2014. 奶牛粗饲料实用技术手册 [M]. 北京：中国农业出
　　版社 .

蒋林树，陈俊杰 .2014. 现代化奶牛饲养管理技术 [M]. 北京：中国农业出
　　版社 .

刘将军，胡源胜 .2008. 优质青贮饲料制作技术 [J]. 现代农业科技（1）：
　　180 - 181.

莫放 .2003. 养牛生产学 [M]. 北京：中国农业出版社 .

邱怀 .2002. 现代乳牛学 [M]. 北京：中国农业出版社 .

王玲，杨璐玲，吕永艳，等 .2014. 提高奶牛 TMR 技术饲喂效果的方法
　　[J]. 饲料广角（7）：45 - 48.

王占赫，陈俊杰，蒋林树，等 .2007. 奶牛饲养管理与疾病防治技术问答
　　[M]. 北京：中国农业出版社 .

王中华 .2003. 高产奶牛饲养技术指南 [M]. 北京：中国农业大学出版社 .

韦人 .2011. 规模奶牛场合理调整牛群结构的探讨 [J]. 中国奶牛（21）：
　　47 -48.

徐照学 .2000. 奶牛饲养技术手册 [M]. 北京：中国农业出版社 .

张子仪 .2000. 中国饲料学 [M]. 北京：中国农业出版社 .

赵义斌 .1992. 动物营养学 [M]. 兰州：甘肃民族出版社 .

图书在版编目（CIP）数据

奶牛全混合日粮加工与饲喂技术／蒋林树，陈俊杰，
张良主编 . —北京：中国农业出版社，2016.1
ISBN 978 - 7 - 109 - 21403 - 3

Ⅰ.①奶⋯　Ⅱ.①蒋⋯②陈⋯③张⋯　Ⅲ.①乳牛-
饲料-配制②乳牛-饲养管理　Ⅳ.①S823.95

中国版本图书馆CIP数据核字（2016）第015403号

中国农业出版社出版
（北京市朝阳区麦子店街18号楼）
（邮政编码100125）
责任编辑　李文宾　冀　刚

中国农业出版社印刷厂印刷　新华书店北京发行所发行
2016年2月第1版　2016年2月北京第1次印刷

开本：850mm×1168mm　1/32　印张：6.875
字数：180千字
定价：20.00元
（凡本版图书出现印刷、装订错误，请向出版社发行部调换）